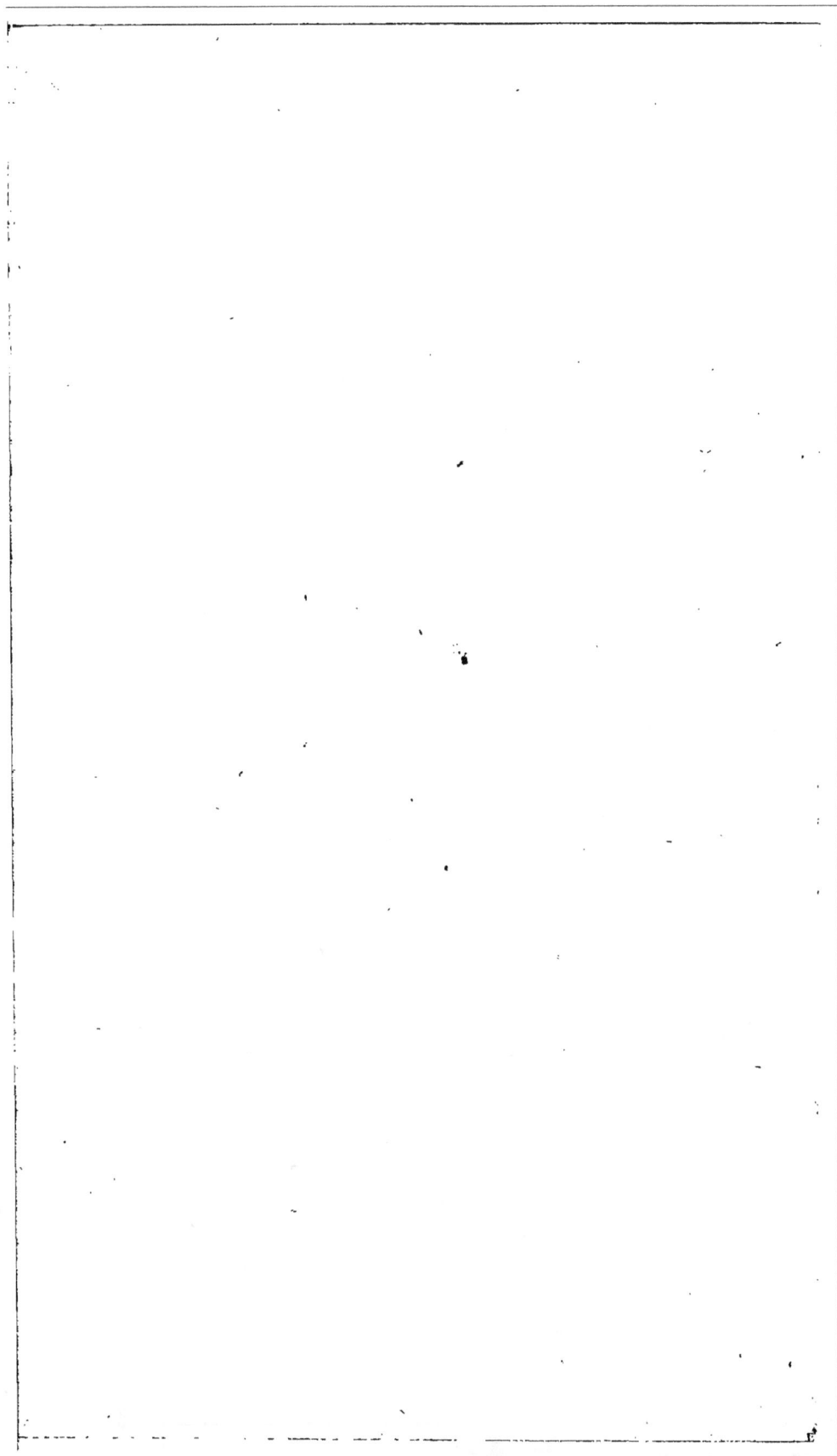

27320

GUIDE

DE

L'ÉLEVEUR D'ABEILLES.

Paris.— Imprimerie de L. MARTINET, rue Mignon, 2.

GUIDE

DE

L'ÉLEVEUR D'ABEILLES

SUIVI DE

LA RUCHE DES JARDINS

PAR

AUGUSTE DE FRARIÈRE.

———◆———

PARIS,

LIBRAIRIE CENTRALE D'AGRICULTURE ET DE JARDINAGE,

QUAI DES GRANDS-AUGUSTINS, 41.

—

— **Auguste GOIN**, éditeur. —

—

1854

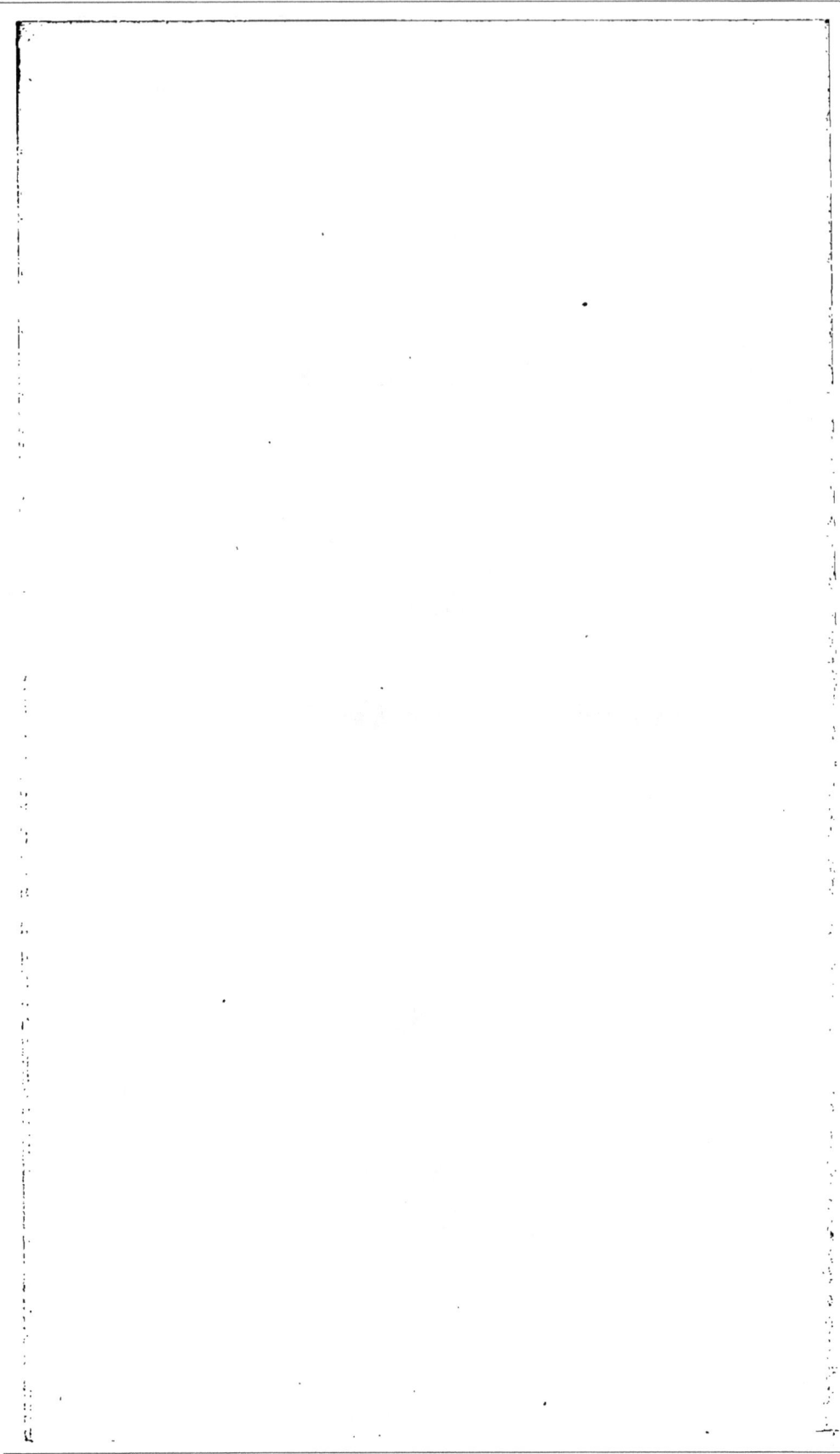

PRÉFACE.

———

Dans toutes les contrées où l'agriculture reprend l'empire qu'elle exerçait jadis sur les plus nobles intelligences, on voit l'élève des abeilles, cette branche si intéressante de l'industrie agricole, devenir l'occupation favorite des habitants de la campagne.

Une foule de brochures et de livres écrits dans le but d'instruire et de guider les villageois dans ce genre d'exploitation rurale surgissent comme par enchantement. Mais le cultivateur hésite entre ces nombreux ouvrages rivaux qui se disputent sa faveur, et dans son embarras extrême il s'en tient, avec plus d'obstination que jamais, à la vieille méthode de ses pères.

Qui pourrait sérieusement l'en blâmer?... Les savants et les membres des Sociétés d'agriculture avaient peut-être tort quand ils déploraient l'aveugle prévention des gens de la campagne, qui, dans leur simplicité rustique, ne se livrent pas aisément à cet enthousiasme éphémère dont les suites sont souvent si désastreuses. Il n'existerait peut-être pas une abeille en France, si les paysans, cédant aux obsessions de quelques hommes influents, avaient adopté sans réflexion, avec cette docilité que l'on demande d'eux aujourd'hui, les ruches et les méthodes extravagantes que certains rapports portaient alors aux nues ; il suffit de nommer les systèmes Ducouëdic, Nutt, etc., pour justifier cette défiance.

Je me serais donc bien gardé d'augmenter la liste déjà si nombreuse des livres de ce genre, si des circonstances particulières ne m'y obligeaient malgré moi.

Mon premier ouvrage sur les abeilles a été publié en 1843. M. le docteur Bixio, alors directeur de la *Maison rustique du XIXe siècle*, en a été l'éditeur.

Je me vois, bien à regret, forcé de rappeler ces dates, parce que plusieurs auteurs, qui avaient cru devoir s'appuyer de mon nom lorsqu'ils ont débuté dans la carrière que j'avais parcourue avant eux (car je me suis occupé d'apiculture dès ma sortie du collége), s'autorisent aujourd'hui de mon long silence pour se dispenser de citer l'ouvrage où ils ont puisé largement ce qu'ils ont jugé utile au succès de leur œuvre. Dernièrement encore, l'auteur d'une petite brochure publiée par le libraire Tissot a non seulement emprunté sans citation, mais il s'est emparé de ma *Ruche des jardins*, disant qu'une pratique de vingt-cinq ans lui avait prouvé que c'était la meilleure, aveu dont je le remercie sincèrement, et qui m'aurait trouvé même reconnaissant s'il eût ajouté à l'éloge de cette ruche le nom de son inventeur. Je ferai observer à M. Lombard, s'il veut bien me le permettre, que cette ruche ne date pas d'aussi loin. Si M. Lombard prétendait qu'elle est de son invention ou qu'il l'a puisée dans un autre ouvrage, je lui demanderai si la description de cette ruche, qui occupe près de deux pages de sa brochure, n'a pas été tirée textuellement de mon *Traité de l'éducation des abeilles*.

Cette preuve, dont il est facile de vérifier l'exactitude, sera, je l'espère, suffisante pour ma justification.

D'autres auteurs n'ont pas dédaigné de puiser également dans mon ouvrage (à l'étranger surtout), mais en oubliant toujours, il est vrai, d'indiquer d'où ils avaient extrait les passages qu'ils ont crus dignes d'intéresser leurs lecteurs. Il en a été de même des nombreux articles sur les abeilles qui ont paru dans les journaux depuis que l'attention publique s'est portée sur cette utile et attrayante industrie.

Je dois saisir cette occasion pour remercier l'auteur du *Guide de l'apiculteur* de la manière

aussi honorable pour lui que flatteuse pour moi
dont il a parlé du *Traité de l'éducation des
abeilles* dans les premières éditions de son ouvrage. La haute estime qu'il témoignait alors
pour son auteur m'engage à le rassurer sur
l'existence de celui qu'il considérait comme un
habile et consciencieux observateur, mais dont
il a cessé d'invoquer le témoignage dans sa dernière édition.

Je termine en disant que n'ayant jamais re-
cherché, à tort peut-être, l'appui d'aucune Société protectrice, je me vois obligé, par suite de
mon isolement volontaire, d'en appeler au jugement des apiculteurs eux-mêmes, espérant qu'il
sera favorable à ce petit livre. Je ne réclame
donc pas d'autre appui que le leur, ainsi que je
l'ai fait précédemment. Il a suffi au succès de
mon premier ouvrage : il suffira, je l'espère, à
celui que j'offre aujourd'hui aux habitants de la
campagne.

INTRODUCTION.

Ce petit livre, destiné particulièrement aux cultivateurs, aux ouvriers qui habitent la campagne et à tous ceux qui exercent leur industrie dans les villages et les faubourgs des villes, ne saurait contenir tous les faits intéressants qui touchent à l'histoire naturelle des abeilles.

Néanmoins, comme il est utile de connaître certaines particularités des mœurs de ces insectes pour pouvoir comprendre la nécessité de suivre strictement quelques-unes des prescriptions recommandées dans cet ouvrage, je décrirai succinctement les principaux faits qui se passent dans l'intérieur d'une ruche. Ce rapide aperçu servira en même temps d'explication aux divers termes employés dans le cours de cette instruction.

Ceux qui ne trouveraient pas ces notions suffisantes pourront recourir à mon *Traité de l'éducation des abeilles* (1), où j'ai consacré une large

_____

(1) Cet ouvrage se trouve maintenant à la librairie centrale d'agriculture d'Auguste Goin, quai des Grands-Augustins, 41.

1.

part à ces détails intéressants. Il est plus important qu'on ne le pense communément d'être initié aux mystères dont les abeilles aiment à s'envelopper, comme si elles voulaient nous dérober la connaissance de leur merveilleuse industrie. L'apiculteur qui n'a aucune notion sur ce sujet ne saurait remédier au désordre dont il ne soupçonne pas même la cause. Ainsi, comment pourrait-il obvier aux inconvénients d'une émigration trop répétée ou trop tardive? Que ferait-il pour rendre aux abeilles l'activité qu'elles ont perdue? Saurait-il prévenir certaines maladies qui souvent entraînent la perte de tout un rucher, etc., etc., s'il n'a aucune notion sur les mœurs et les besoins de ce petit peuple?

Je consacrerai aussi quelques pages à la description de quelques-unes des principales méthodes en usage.

Il est nécessaire d'instruire l'apiculteur sur ce sujet, afin qu'il puisse asseoir son jugement en toute connaissance de cause et prononcer entre les diverses formes de ruches en usage dans sa localité.

Je m'adresse donc ici au modeste cultivateur qui serait heureux d'augmenter son faible revenu; à l'homme prévoyant qui veut profiter de toutes les ressources que lui offre sa position, et qui se fait un devoir d'accroître le bien-être et l'aisance de sa famille.

L'usage du miel commence enfin à se généraliser, et c'est avec une véritable satisfaction que l'on voit aujourd'hui ce précieux comestible devenir l'objet d'un commerce étendu.

C'est donc rendre un véritable service à l'humanité que de propager la culture des abeilles partout où elles peuvent prospérer; c'est le seul moyen de faire descendre le prix du miel à la portée de toutes les bourses, car on ne peut offrir aux enfants et même aux grandes personnes une nourriture à la fois plus saine et plus agréable.

D'ailleurs, qui pourrait nier son utilité dans la plupart des maladies qui affligent les travailleurs, maladies qui proviennent presque toutes de la même cause et qui exigent des boissons rafraîchissantes dont le miel est la partie la plus essentielle et malheureusement la plus chère.

Je ne parlerai pas ici de la cire, dont tout le monde connaît l'utilité, non seulement pour les usages domestiques, mais aussi pour les arts et la pharmacie.

Il est aussi une autre substance que les abeilles récoltent sur certaines plantes, qui a trouvé une heureuse application à l'usage de la médecine : je veux parler de la propolis, qui entre avec avantage dans la composition de plusieurs médicaments, il est vrai, encore peu connus en France.

Je serai donc bien heureux si je parviens à inspirer quelque intérêt pour ces insectes si utiles, et pourtant si négligés ou si mal soignés, et mes lecteurs me sauront gré de leur avoir fait connaître une occupation aussi agréable qu'avantageuse.

GUIDE

DE

L'ÉLEVEUR D'ABEILLES.

HISTOIRE NATURELLE DES ABEILLES.

Notions indispensables à l'apiculteur.

Parmi les abeilles qui composent un essaim complet, on remarque trois classes d'individus dont les fonctions diffèrent plus encore que l'apparence extérieure.

D'abord, c'est la *reine*, que l'on distingue facilement à sa belle couleur d'un brun doré.

Elle est un peu plus grosse et beaucoup plus longue que l'abeille ouvrière ; aussi ses ailes ne peuvent recouvrir qu'une partie de son abdomen.

A la reine seule appartient le droit de travailler à la propagation de l'espèce ; les ouvrières, qui sont du même sexe, n'ayant pas reçu comme elle une nourriture propre au développement de l'ovaire.

Cependant il en est quelques-unes qui, par une cause trop longue à détailler ici, sont susceptibles de pondre quelques œufs; mais la reine mère, très jalouse de son autorité, ne tarde pas à les mettre à mort.

On ne voit presque jamais deux reines dans la même ruche, et quand ce fait arrive, les abeilles construisent un immense gâteau, ou rayon, qui partage la ruche en deux, du haut jusqu'au bas.

Dans ces cas très rares, les abeilles forment alors deux peuplades et vivent séparées, quoique dans la même ruche.

Deux reines ne sauraient donc vivre en paix et gouverner conjointement la même peuplade; l'empire reste à la plus forte, sans que jamais les abeilles se mêlent de ces querelles royales. Jamais non plus elles ne se livrent à aucune violence envers leur reine, qu'elles traitent au contraire avec la plus vive affection ; on pourrait même dire avec le plus profond respect, si cette expression ne paraissait d'un ordre trop élevé en parlant des sentiments qu'on ne peut s'empêcher de prêter à ces insectes, si intéressants et si utiles.

Les abeilles *ouvrières* forment la classe la plus nombreuse; ce sont, ainsi que je l'ai dit, des femelles dont l'ovaire n'a pu se développer. Ce sont elles qui vont à la recherche des provisions; qui construisent les admirables édifices de cire destinés à l'éducation de la famille et à servir de magasin pour renfermer les récoltes de miel et de pollen, qu'elles vont butiner sur les fleurs. Ce sont elles qui élèvent la progéniture de la reine ; qui veillent à tous les besoins de la population ; qui défendent l'entrée de leur demeure et y entretiennent la propreté la plus rigoureuse. Enfin, elles sont aussi chargées de renouveler l'air, qui sans cette précaution serait bientôt corrompu par cette prodigieuse population, renfermée dans un si petit espace.

La troisième classe se compose des mâles, nommés communément *faux bourdons.* Ils sont très reconnaissables par leur grosseur, le fort bourdonnement qu'ils font entendre en volant et l'absence totale d'aiguillon.

Le nombre de ces mâles n'est point proportionné à celui des ouvrières. On voit de fortes ruches qui n'en contiennent que quelques centaines, tandis que d'autres ruches moins peuplées en renferment plusieurs milliers.

Au reste, ces mâles ne sont utiles qu'à la fécondation des reines, et leur trop grand nombre épuise les ruches dont la population n'est pas très forte. Leurs seules occupations sont de manger et de dormir pendant les nuits et les journées pluvieuses. Lorsque le soleil brille, que le temps est chaud et calme, ils sortent en grand nombre et font un grand bruit dans les airs, où ils prennent leurs ébats tant que la saison est favorable.

Mais au mois d'août, les abeilles, devenues économes par suite de la rareté des fleurs, et les fonctions faciles de ces gros paresseux étant remplies, elles les mettent tous à mort. Cette proscription s'étend également sur les nymphes, les larves et les œufs d'où doivent sortir des faux bourdons.

Cependant diverses causes, qu'il est inutile de répéter ici, font que l'on en voit dans certaines ruches longtemps après cette époque. Leur présence est le signe le plus certain que ces ruches désorganisées ne tarderont pas à périr, si l'on n'y remédie promptement.

Voici maintenant le tableau des diverses transformations que subissent les abeilles avant de devenir insectes parfaits.

Les œufs que pond la reine sont blancs, et ressemblent pour la forme au cocon du ver à soie. Ils restent environ trois jours avant d'éclore, suivant la chaleur à laquelle ils sont exposés. Lorsque le moment de l'éclosion est arrivé, le petit ver rompt son enveloppe, et après s'en être débarrassé, il se couche au fond de l'alvéole.

Ce petit ver, auquel on donne le nom de *larve*, est apode, c'est-à-dire sans jambes. Dès l'instant de sa naissance, il devient l'objet constant des soins les plus assidus de la part des ouvrières. Ce sont elles qui le nourrissent ; elles lui donnent à cet effet une espèce de gelée d'un blanc grisâtre et à demi transparente.

Cette gelée a un petit goût aigrelet, bien moins agréable que celle qui est destinée aux jeunes reines.

Les larves d'ouvrières et celles qui, plus tard, doivent se métamorphoser en reines, restent cinq jours environ sous cette forme. Alors les ouvrières closent la cellule d'un couvercle de cire bombé, et la larve, n'ayant plus besoin de nourriture, se met à filer une coque de soie dont elle revêt entièrement la cellule. Elle emploie de trente à trente-six heures à ce travail. Trois jours après, elle se métamorphose en *nymphe*. Sous cette forme, elle ressemble à une momie d'une blancheur, d'une délicatesse extrêmes. Mais peu à peu elle prend une nuance rousse, toujours plus foncée, et sept ou huit jours après, elle déchire cette dernière enveloppe, ronge le couvercle de cire qui la retenait prisonnière, et sort de sa cellule *insecte parfait*.

Les larves destinées à devenir des faux bourdons ou mâles passent plus de temps sous ces diverses transformations, et ne deviennent insectes parfaits que le vingt-quatrième jour, à dater de l'instant où l'œuf a été pondu. Mais, ainsi que je l'ai dit, quelques degrés de chaleur de plus ou de moins avancent ou retardent cette époque.

On appelle *couvain*, la progéniture de la reine, particulièrement lorsqu'il est question de larves ou de nymphes.

C'est toujours la reine mère qui conduit le premier essaim. Cette émigration n'a lieu que quand il existe de jeunes reines pour la remplacer après son départ.

Ces jeunes reines, en nombre plus ou moins grand, sont toutes d'âge différent, et lorsque la vieille se décide à partir, la plus âgée devient de droit son successeur et la remplace dans le gouvernement de la ruche ; car c'est une remarque digne d'attention, le droit de primogéniture est rigoureusement observé par les abeilles.

Cependant, il arrive quelquefois que l'on trouve plus d'une reine à la tête du second essaim ; mais ce fait n'a rien de contraire à mon observation précédente : c'est que dans le tumulte qui suit le départ d'un essaim, il arrive que les jeunes reines, retenues ordinairement prisonnières par les abeilles qui ont la police de la ruche, parviennent à s'échapper.

Voici quelques détails à ce sujet.

Les nourrices qui sont chargées de la surveillance des cellules royales, c'est-à-dire des alvéoles contenant de jeunes reines, s'opposent à la sortie de celles-ci, qui aurait lieu naturellement ainsi que pour les autres abeilles, aussitôt qu'elles ont subi leur dernière métamorphose. Mais la Providence, dans sa sagesse, n'a pas permis qu'il en fût ainsi, car ces jeunes reines, encore faibles et hors d'état de se défendre, eussent été massacrées par la vieille reine ou par la plus âgée d'entre elles, ce qui eût mis empêchement à l'émigration, faute de chefs pour conduire l'essaim, ou de mère pour travailler à la reproduction de l'espèce. Les nourrices, dont la mission est d'empêcher ce massacre, scellent le couvercle bombé qui recouvre la cellule d'où la jeune reine allait s'échapper, et parviennent ainsi à la retenir prisonnière malgré ses efforts incessants pour jouir de sa liberté. Mais il arrive souvent que dans le tumulte qui accompagne le départ d'un essaim, ces jeunes reines parviennent à tromper la vigilance de leurs gardiennes, et partent avec l'essaim. Cette tentative leur coûte ordinairement la vie, car elles sont tuées par leurs rivales dès la première nuit.

J'ai dit que ce cas arrivait rarement lors du départ du premier essaim, la vieille reine partant plusieurs jours avant que les jeunes soient en état de voler ; mais lors du second essaim et du suivant, on trouve souvent plusieurs jeunes reines mortes au bas de la ruche, dès la première nuit de leur établissement.

Aussitôt que les abeilles sont organisées, elles commencent la construction des alvéoles. L'extrême légèreté, la régularité admirable et l'élégance de ces petits édifices de cire, ont été de tout temps un sujet de surprise pour les personnes qui ont examiné avec soin ce travail merveilleux.

Les abeilles n'emploient d'abord que de la cire, et alors les alvéoles sont d'une blancheur éclatante.

Plus tard, dans le but de leur donner plus de solidité, elles les fortifient en les bordant de cordons de propolis, substance résineuse de couleur brunâtre, très tenace et très odorante, qu'elles vont ramasser sur les bourgeons de certains arbres, tels que le peuplier, le pin, etc. Elles en fortifient surtout l'empatement d'où pend le rayon, qui se prolonge ordinairement jusqu'au bas de la ruche.

Un grand rayon se compose de plusieurs milliers de cellules placées sur deux faces opposées ; lorsqu'il est rempli de miel, il peut peser jusqu'à 2 ou 3 kilogrammes. On voit par là combien doivent être solides les attaches qui le retiennent ainsi suspendu.

La cire seule ne pourrait remplir ce but.

Pour donner une idée de la légèreté et de la délicatesse du travail des abeilles, je dirai qu'une portion de rayon n'ayant pas encore servi, ayant conservé sa blancheur primitive, composé de deux mille et quelques centaines d'alvéoles, ne pèse qu'une once !...

Le miel est la nourriture ordinaire des abeilles; cependant, elles ne peuvent conserver longtemps leur santé, si elles sont privées de pollen, et cette substance est même indispensable à l'éducation des larves.

Le *pollen* est une espèce de farine que les abeilles recueillent sur un grand nombre de fleurs. C'est ce que les naturalistes nomment *poussière fécondante*.

Rien ne saurait donner une idée de l'intéressant spectacle que nous offrent les abeilles au retour du printemps. On les voit revenir au logis chargées de petites pelotes de pollen, dont la couleur varie suivant l'espèce de fleurs d'où elles l'ont recueilli avec une adresse et une patience extrêmes. Leurs jambes de derrière sont pourvues d'une espèce de corbeille formée par de longs et de rudes poils croisés en divers sens, et l'habileté qu'elles déploient en plaçant ce pollen n'est pas moins admirable, si l'on considère que cette petite corbeille est dans une position perpendiculaire.

Je dois faire observer ici que, par suite d'une loi providentielle, il est interdit aux abeilles de faire leur récolte de pollen sur des fleurs de diverses familles ; ainsi, l'abeille qui a commencé son travail sur une fleur de réséda n'ira point ensuite sur une capucine ou sur le bouillon-blanc. S'il ne se trouve pas d'autre réséda dans les environs pour terminer son chargement, elle retourne à la ruche déposer sa petite provision, avant de courir sur d'autres familles de fleurs. C'est pourquoi l'on remarque la parfaite similitude de chaque petite pelote et la pureté de leurs nuances diverses ; car on en voit de jaunes, de rouges, de bleues et d'autres couleurs.

Ce pollen, si nécessaire aux abeilles, non seulement pour leur propre existence, mais surtout pour l'éducation des larves, et dont elles font par ces motifs d'abondantes provisions, est ordinairement enlevé avec soin par l'homme chargé de tailler les ruches. Ce n'est point par avidité, mais bien par suite d'une triste ignorance des besoins des abeilles, que l'apiculteur leur ravit ainsi une substance dont il n'a que faire et qui leur a coûté tant de peine à récolter. S'il se faisait une idée du tort sans compensation qu'il fait à ses ruches, il se garderait bien de les priver d'une nourriture que rien ne peut remplacer.

Les ruches dont on a enlevé tout le pollen succombent presque toujours à cette maladie que l'on nomme *dyssenterie;* surtout lorsqu'à un hiver doux succède un printemps froid et humide.

J'ai parlé de l'extrême légèreté des cellules destinées à l'élève des ouvrières ; celles des mâles, faites sur le même modèle, quoique bien plus spacieuses, ne leur cèdent en rien pour le fini du travail et l'exactitude des proportions. Mais pour donner plus de solidité à de si frêles constructions, les abeilles ont soin de border les alvéoles d'un cordon de cire plus épais que celui dont elles fortifient les cellules ordinaires. Au reste, les unes et les autres servent également de magasin pour y conserver le miel et le pollen.

Il n'en est point de même des cellules destinées aux jeunes reines. Elles ne servent absolument qu'à cet usage, et aussitôt l'éducation terminée, elles sont détruites et les matériaux employés à d'autres constructions.

Les alvéoles royaux n'ont aucun rapport avec ceux qui font l'admiration de l'observateur. Suspendus perpendiculairement en forme de stalactite, grossièrement ébauchés, on ne s'imaginerait jamais, en les voyant, que ce sont les mêmes ouvrières qui ont fait avec les mêmes matériaux et les mêmes outils des travaux si dissemblables. Au reste, les abeilles n'épargnent pas la matière dans la construction de ces alvéoles royaux ; un seul d'entre eux suffirait à l'édification d'une centaine de cellules ordinaires.

J'ai dit que dans les circonstances ordinaires les mâles ne vivaient guère que quelques semaines ; en effet, nés dans les mois de mai et de juin, ils sont expulsés ou massacrés avant la fin d'août.

Quant aux ouvrières, elles pourraient peut-être vivre plusieurs années, si leur genre de vie ne les rendait sujettes à une multitude d'accidents qui font que leur existence ne se prolonge guère au delà de la seconde année. Une partie d'entre elles trouvent la mort dans leurs courses aventureuses, tantôt saisies par le froid ou noyées dans la mare où elles vont se désaltérer, ou dévorées par les nombreux ennemis qui les guettent au passage. D'autres sont victimes de leur courageux dévouement et périssent en défendant leur famille. Ensuite, les guerres désastreuses qu'elles se font souvent entre elles, guerres dont le pillage est le but principal, et enfin les maladies qui les déciment, sont des causes qui, réunies, sont plus que suffisantes pour abréger considérablement leur existence.

Il n'en est pas de même des reines ; leur genre de vie ne les expose que rarement aux accidents ordinaires aux ouvrières, aussi il leur arrive souvent d'atteindre la vieillesse, qui commence pour elles vers leur cinquième année. Alors elles cessent d'être fécondes et deviennent une cause de ruine pour la population qu'elles gouvernent ; leur vigueur est tellement abattue, qu'elles ne peuvent plus voler, et par conséquent elles cessent de pouvoir conduire les essaims. Mais toujours aimées des abeilles qui respectent leur volonté, elles sont libres de tuer les jeunes reines dans leur berceau, et usent de cette prérogative jusqu'au dernier moment. Alors on comprend qu'il ne peut plus y avoir d'émigration, plus de population exubérante, et bientôt même plus de larves à soigner. Quand les choses en sont venues à ce point, le découragement s'empare des abeilles, la ruche se dépeuple, et lorsque l'apiculteur veut en connaître la cause, il ne trouve plus qu'une ruche à peu près vide de provisions et d'abeilles. S'il examine ces dernières attentivement, il trouvera parmi elles une vieille petite reine, toute noire, sans poils et comme desséchée. Mais telle qu'elle est, cette vieille mère n'en est pas moins chère à ses enfants, qui lui prodiguent jusqu'au dernier moment les plus touchants témoignages d'affection.

La seconde année de la vie d'une reine est celle de sa plus grande fécondité.

Si rien ne s'oppose à leur ponte, que le printemps soit chaud et la contrée remplie de fleurs, les reines peuvent, à cette époque de leur vie, pondre le nombre prodigieux de deux à trois cents œufs par jour.

Dans une grande partie de la France, les apiculteurs ont l'habitude de tailler les ruches au printemps, époque de la plus grande ponte des reines.

Cette malheureuse coutume annule souvent leur extrême fécondité, et les abeilles, se voyant tout à coup privées d'alvéoles dans la saison la plus favorable aux récoltes de miel et de pollen ainsi qu'à l'éducation des larves, sont forcées d'employer un temps précieux à la construction de nouveaux édifices.

Mais pendant ce temps, la reine ne peut retenir les œufs dont son ovaire est rempli; elle est alors réduite, faute de cellules prêtes à les recevoir, à en déposer plusieurs dans le même alvéole. Le premier qui a été pondu éclôt naturellement avant les autres, et les abeilles, qui savent que chaque cellule ne peut contenir qu'une

larve, emportent ou mangent les œufs surnu-
méraires.

C'est une grande perte pour les abeilles, dont
le nombre ne saurait être trop grand, surtout
à cette époque de l'année où les travaux doivent être poussés avec activité. C'est un tort encore plus irréparable pour le propriétaire, qui,
pour quelques onces de cire, se prive des avantages qu'il aurait pu retirer d'une population
nombreuse.

J'ai reconnu que dans tous les lieux où cette
coutume absurde s'est introduite, les essaims ne
paraissent que tardivement et sont beaucoup
plus faibles que là où les abeilles peuvent élever
tous les œufs que la mère abeille pond pendant
la saison des fleurs, qui est la seule favorable à
la multiplication de ces insectes.

Aussi partout où l'on enlève quelques rayons,
vides ou pleins de miel, les plus beaux essaims
ne sont composés que de 5 à 6,000 abeilles, tandis
qu'il n'est pas rare d'en recueillir ailleurs du poids
de 2^{kil},500 à 3 kilos. Or 1 kilo d'abeilles vivantes
et bien approvisionnées, c'est-à-dire chargées
de miel comme elles le sont en quittant la mère
ruche, se compose de 7,000 abeilles environ. En
général, la moyenne est de 1^{kil},500 grammes,
soit 10 à 12,000 abeilles.

C'est particulièrement dans les provinces qui

se rapprochent de la Savoie et de la Suisse, et
dans ces contrées même, que cet usage détes-
table est pratiqué. Cela est d'autant plus fâcheux
que les fleurs y sont très abondantes et que les
abeilles en retirent un miel qui réunit toutes les
qualités qui le font rechercher des amateurs.

Que l'on ne s'oppose donc plus à l'extrême
fécondité des reines, et l'on sera bientôt obligé
d'augmenter la capacité des ruches. Une nombreuse population dédommagera amplement
l'apiculteur du sacrifice qu'il aura fait de quelques livres de miel, ordinairement de qualité
très inférieure, puisqu'il a passé l'hiver dans la
ruche ; quant à la récolte de quelques onces de
cire, cela vaut-il la peine d'en parler ?

N'étant plus obligé de consacrer les plus belles
journées du printemps à la construction d'alvéoles propres à contenir le miel et à servir de
berceau aux jeunes abeilles, l'essaim pourra se
livrer sans retard aux occupations les plus ur-
gentes de la saison, c'est-à-dire à l'éducation
des larves et à la récolte du miel.

Je n'ai pas besoin de faire observer que le
printemps est l'époque où les fleurs paraissent
en plus grande abondance et donnent le miel le
plus exquis. On sait que les fleurs qui naissent à
l'arrière-saison ne sont pas aussi parfumées et
n'ont pas des qualités aussi balsamiques, aussi

bienfaisantes que celles qui paraissent sous l'influence des chauds rayons du soleil.

J'ai dit qu'un essaim sorti de ces ruches
affaiblies par suite d'une récolte de cire intem-
pestive, ne se composait guère que de 5 à
6,000 individus, tandis que ceux que donnent
les ruches auxquelles on n'a pas touché, sont en
général du poids de 1$^{kil.}$,500 à 2 kilos, soit 10 à
15,000 abeilles.

Voici maintenant un calcul exact des résultats obtenus par deux essaims partis le même
jour, mais différant entre eux par le nombre des
individus qui les composent.

Ce calcul est basé sur l'observation assez générale que les abeilles rapportent environ leur
pesant de miel et de pollen en faisant de trois à
cinq voyages par jour.

Il est facile de se convaincre de la prodigieuse
différence qui existera à la fin de la saison entre
l'essaim composé de 5 à 6,000 abeilles et celui
qui compte plus du double de ce chiffre-là. Tandis
que le premier n'aura amassé à grand'peine que
10 à 15 livres de miel pendant la belle saison,
l'autre a pu, sans négliger les travaux intérieurs,
emmagasiner le double au moins.

Là ne se bornent pas les avantages que le
premier essaim peut avoir sur l'autre. Les provisions étant abondantes et les abeilles nom-

2.

breuses, elles auront construit des édifices en suffisante quantité pour élever tous les œufs pondus par la mère. Or, on doit regarder comme une chose certaine qu'il faut de 10 à 12,000 abeilles pour que les travaux ne soient pas interrompus, même dans la saison la plus favorable à la sécrétion du miel. Si un essaim est composé de 20,000 individus, non seulement la prodigieuse fécondité de la reine sera utilisée en entier, mais l'excédant de la population pourra s'occuper de l'approvisionnement de la ruche. Que l'on juge par là du profit énorme qui résulte de n'avoir que des ruches très fortes et très peuplées!...

Ce calcul peut s'appliquer également aux essaims printaniers. La différence qui existe entre un essaim établi pendant le mois de mai, et celui qui n'est sorti qu'à la fin de juin ou en juillet, n'est pas moins très remarquable.

On doit maintenant concevoir pourquoi une population nombreuse a tant de chances de réussite, et convenir que je suis bien fondé à dire que pour obtenir un profit certain des abeilles, il faut par tous les moyens possibles tâcher d'obtenir des essaims printaniers et de n'avoir que des ruches bien peuplées.

PREMIÈRE PARTIE.

CHAPITRE PREMIER.

Avantages qu'offre la culture des abeilles. Invitation à s'y livrer.

Il n'est pas d'industrie qui exige moins de frais de premier établissement et qui rapporte un intérêt plus élevé que la culture des abeilles.

Une ruche de paille, d'osier, ou de bois, dont le prix peut varier de 1 à 3 francs, si l'on se borne aux formes les plus simples et les plus utiles; un essaim qu'il est facile de se procurer, soit par échange, soit pour la faible somme de 6 à 10 francs, selon les localités et les années, voilà le fondement d'un rucher qui, s'il n'enrichit pas son possesseur, peut du moins lui procurer une petite rente que j'évaluerai, au plus bas, à 20 francs par ruche.

J'ajouterai que cette rente se perçoit sans frais, et presque sans embarras et sans soins.

D'où vient donc que le petit cultivateur, l'ouvrier des champs et des villages négligent une ressource si précieuse et si bien à la portée du plus pauvre d'entre eux?...

C'est qu'ils ignorent l'art de soigner ce précieux insecte; c'est qu'il existe encore une foule de préjugés qui empêchent les possesseurs de ruches de s'en défaire à aucun prix, car ils s'imaginent que de vendre une ruche et même un essaim, cela porte malheur. Lorsqu'un tel préjugé a pris racine dans une contrée, on conçoit la difficulté de se procurer des abeilles. C'est aussi parce qu'ils sont persuadés que ces insectes ne peuvent prospérer que dans certains lieux, tels que la proximité d'une prairie, dans un jardin garni de fleurs, à l'abri d'une haie ou d'un mur, et surtout à l'exposition du midi. Or, comme il est extrêmement rare de pouvoir réunir ces divers avantages, on ne songe même pas qu'il serait très facile de s'en passer.

Il est aussi des cultivateurs qui croient les abeilles funestes à leurs arbres fruitiers, parce qu'ils ont vu maintes fois, dans les beaux jours du printemps, alors que les amandiers, les pommiers, les abricotiers sont fleuris, des milliers d'abeilles se disputant la possession des fleurs dont ils sont couverts, et un grand nombre de ces dernières joncher le sol, entraînées par le poids de trois ou quatre abeilles.

En considérant la terre toute blanche ou rose

de fleurs, le jardinier maudit les insectes avides qui ont causé cet apparent désastre et détruit en un instant la récolte sur laquelle il fondait toutes ses espérances !...

Et pourtant il n'en est rien, c'est bien à tort qu'il accuse les abeilles ; ces fleurs seraient également tombées, car l'arbre trop chargé de fruits refuse de les nourrir tous, et tôt ou tard, c'est-à-dire aussitôt après la floraison, et lorsque le jeune fruit commence à grossir, tout ce qui ne tenait pas fortement à l'arbre se fane, se dessèche et tombe naturellement. Ne vaut-il donc pas mieux que la fleur soit entraînée par les abeilles après avoir livré son nectar que d'épuiser l'arbre par un commencement de fructification ?

Quand on aura lu ce petit traité, on reconnaîtra combien les objections dont nous avons parlé ont peu de fondement.

On verra qu'il est très facile de diriger un petit rucher.

Qu'au moyen de certaines précautions, les abeilles ne sont nullement à redouter ; et enfin qu'il est possible d'en élever avantageusement dans toutes les situations, même en plein nord, même dans un grenier, à défaut de jardin ou d'autre place plus convenable.

Il existe cependant des empêchements très

réels à l'éducation des abeilles. Par exemple, la stérilité absolue de la contrée quand elle entraîne l'absence de toute espèce de fleurs, telles que les bruyères, les ronces, etc.

Le genre de culture. Ainsi, certains pays de vignobles, où le vigneron, trop soigneux, ne laisse d'autres plantes sur le sol que celle qui est l'objet de sa culture exclusive.

Enfin, la proximité d'une raffinerie de sucre, ou de tout autre établissement de ce genre. Les abeilles, attirées par l'odeur qui s'exhale des chaudières en ébullition contenant des matières sucrées qu'elles recherchent avec tant d'ardeur, s'y précipitent en grand nombre et trouvent la mort là où elles espéraient butiner abondamment.

Dans un voisinage aussi dangereux, il est inutile de tenter l'exploitation des abeilles, quelles que soient d'ailleurs l'abondance des fleurs et l'excellence de la situation. Partout où un pareil établissement s'organise, les cultivateurs feront sagement de vendre leurs ruches et de renoncer définitivement à cette industrie, à moins qu'on n'ait mis des obstacles à leur introduction dans la raffinerie.

Mais fort heureusement ces établissements sont presque inconnus dans la plus grande partie de notre belle France, et rien ne s'oppose au projet bienfaisant de répandre en tous lieux le goût d'une culture qui offre d'aussi précieuses ressources aux pauvres habitants des campagnes.

Quand on verra les petits cultivateurs, les laborieux ouvriers des champs, et ceux qui se fixent partout où ils trouvent à exercer une industrie quelconque, s'adonner à la culture des abeilles, on sera certain que bien des privations, bien des souffrances ont cessé de peser sur eux et sur leurs familles. Uu petit rucher sera, pour ces braves gens, une caisse d'épargne, et, au besoin, un mont-de-piété.

Je ne saurais donc trop engager les personnes bienfaisantes de toutes les classes à favoriser de tout leur pouvoir cette heureuse révolution, qui du moins ne coûtera ni larmes ni sang, et réalisera une partie des avantages dont on a bercé inutilement les ouvriers des champs aussi bien que ceux des villes.

Quelque faible que soit la somme nécessaire à l'acquisition d'une ruche, elle est souvent hors de la portée de bien des cultivateurs qui ne peuvent se la procurer ; que les personnes aisées veuillent donc leur prêter leur concours généreux, elles en trouveront la récompense en voyant combien la possession de quelques ruches inspire l'amour de la propriété et fait naître des idées d'ordre et de justice dans le cœur de ceux que rien auparavant n'attachait au sol.

Il est encore un autre moyen d'inspirer le goût d'une industrie qui offre tant d'attraits et qui réunit les avantages les plus divers et les plus incontestables : c'est de mettre entre les mains de la jeunesse les livres qui traitent de l'éducation des abeilles.

On ne saurait se faire une idée de l'intérêt que ces jeunes imaginations prennent à une telle lecture. Elle les porte à l'observation en excitant leur curiosité. Ces *mouches*, qu'ils regardaient auparavant non seulement avec indifférence, mais presque avec dégoût, qu'ils voyaient détruire avec plaisir, comme des insectes dangereux, ils apprennent à les admirer et presque à les aimer.

Un tel résultat est-il à dédaigner, et ne voit-on pas que plus tard ces enfants seront d'intrépides apiculteurs ?...

D'ailleurs, parmi les livres qui servent de lecture dans les écoles, il en est bien peu qui soient préférables sous le rapport de la morale et de l'instruction. Il est même rare d'en rencontrer de plus amusants et de plus utiles.

Ce serait donc travailler au bien-être du peuple que de répandre dans les écoles quelques-uns des ouvrages remarquables qui ont paru sur les abeilles. Ce serait le moyen le plus prompt et le plus sûr d'arriver, dans un prochain avenir, à l'adoption générale d'une culture importante par ses résultats L'État, d'abord, en profiterait ; elle contribuerait aussi à l'embellissement de la contrée et donnerait lieu à un commerce plus étendu.

J'ai déjà dit quelle serait son influence sur les classes dont la misère et les privations sont le partage ordinaire. Il ne me reste plus qu'à exprimer des vœux bien sincères pour que mon appel soit entendu par ceux qui ont en main assez de pouvoir ou de fortune pour réaliser ce projet.

CHAPITRE II.

Achat d'une ruche ou d'un essaim.

Le prix des ruches-mères ou des essaims varie d'une localité à l'autre ; il est bien moins élevé dans certains départements adonnés à la culture des abeilles que dans ceux où cette industrie est rare. On ne saurait donc rien fixer à cet égard, et le parti le plus sage est de s'en rapporter à la sagacité de l'acheteur du soin de ne pas se laisser tromper sur la valeur des ruches.

Si l'acquéreur en a la facilité, je lui conseil-

3

lerai d'acheter de préférence un essaim plutôt qu'une ruche-mère.

D'abord il est plus facile de transporter un essaim qui n'a pas encore travaillé, et ensuite le prix en est d'un tiers, et même de moitié moins élevé que celui d'une vieille ruche. Les abeilles d'un essaim travaillent avec plus d'ardeur, le transport ne les contrariant en aucune manière. Je crois aussi devoir ajouter que les personnes qui n'ont jamais possédé de ruches se familiarisent mieux avec les abeilles d'un essaim, qui, n'ayant pas encore de provisions à garder, sont moins farouches et colères que celles des vieilles ruches.

Je recommanderai particulièrement de n'acheter qu'un premier ou second essaim, ceux qui sortent plus tard ayant peu de chance de réussir dans nos climats. On sait qu'une mère-ruche peut essaimer jusqu'à quatre fois dans les années les plus favorables. Il est vrai que si, dans nos climats froids et variables, ces derniers essaims épuisent inutilement la ruche qui les donne, il n'en est point de même dans les pays méridionaux ; bien plus, dans ces heureuses contrées, les premiers essaims envoient eux-mêmes une nouvelle colonie un mois après leur établissement. Quoi qu'il en soit, dans nos contrées, c'est trop de quatre et même de trois essaims que jette une ruche dans le cours d'une saison. Les deux premiers sont ordinairement très forts, c'est-à-dire très peuplés; ils arrivent à une époque de l'année où les fleurs sont en grande abondance, et quoique le troisième et le quatrième ne soient que de quelques jours en retard, ce léger retard, joint à ce que le nombre des abeilles qui les composent est beaucoup moins élevé, suffit pour rendre leur établissement moins sûr; leurs approvisionnements étant plus faibles, il est rare qu'ils soient en état de passer l'hiver sans secours.

A moins de nécessité absolue, n'achetez donc que le premier ou le second essaim que jette une ruche. Faites-le placer, aussitôt qu'il sera pris, dans une ruche neuve de petite dimension, que vous aurez préalablement enduite intérieurement de miel, ou du moins frottée avec des fleurs ou des feuilles odorantes, telles que les fleurs de fèves, de pois, de réséda ou de la mélisse, du thym, etc., etc...

Si toutes les abeilles sont entrées dans la ruche, vous pourrez la transporter immédiatement à la place que vous lui destinez, sinon, vous attendrez jusqu'à la chute du jour pour faire ce transport.

Il est essentiel de procéder avec les plus grandes précautions ; il faut envelopper la ruche d'une grande serviette ou d'un drap, afin d'empêcher la sortie des abeilles, que la plus légère secousse pourrait irriter. Après avoir posé la ruche, lorsque les abeilles sont calmées, il faut enlever doucement l'enveloppe qui les retenait prisonnières et poser la ruche à la place qu'elle doit occuper définitivement.

Quand il s'agit de l'acquisition d'une mère-ruche, les précautions à prendre sont les mêmes, mais il est bien plus difficile d'éviter les tromperies du vendeur. Bien souvent il vous cède à bon compte des ruches dont l'apparence ne laisse rien à désirer, et au bout de quelque temps vous vous apercevez que votre ruche est dévorée par les teignes, que les abeilles ont perdu leur mère et sont sans ardeur au travail, ou bien encore qu'elles sont couvertes de certains petits poux, dont elles ne savent pas se débarrasser. Au reste, vous reconnaîtrez facilement les vieilles abeilles à leurs ailes frangées à l'extrémité et à la noirceur de leur corps, dont le poil blanc qui distingue les jeunes a disparu.

Un inconvénient plus grave encore, c'est de les acheter dans le voisinage. Si l'acquisition a lieu pendant la belle saison, on est sûr de perdre une grande partie des abeilles, qui retournent obstinément à leur ancienne place. Il faut donc, pour obvier à cette fuite désastreuse, qui entraînerait la perte de la ruche, où du moins l'affaiblirait considérablement, attendre que le froid empêche les abeilles de sortir, ce qui a lieu ordinairement vers la fin de novembre. On pourra donc retarder leur transport jusqu'à cette époque.

Au reste, pourvu que le transport ait lieu avant le retour des beaux jours et des fleurs, et par conséquent avant la sortie des abeilles, il n'y a pas d'époque fixe pour l'opérer.

CHAPITRE III.

Soins à donner pendant l'hiver.

Les soins à donner pendant l'hiver se bornent à veiller à ce qu'aucun animal ne se glisse sous la ruche pour dévorer les abeilles engourdies ou leurs provisions mal gardées.

Aussitôt que le froid se fait sentir avec un peu de rigueur, les abeilles, qui ont eu soin de transporter le miel dans la partie la plus reculée de la ruche, s'y tiennent serrées les unes contre les autres afin de maintenir la température à un certain degré.

On se ferait une fausse idée si l'on croyait qu'elles passent le temps dans une complète oisiveté. Celles qui sont placées dans les rangs extérieurs paraissent, il est vrai, saisies par le froid, mais au centre du groupe elles sont passablement éveillées, et malheur à l'indiscret qui irait les troubler dans leurs occupations intérieures ; celles du centre trouveraient encore assez de vigueur, malgré le froid, pour l'en faire repentir.

Les abeilles qui pourraient devenir la pâture des souris et des rats sont celles qui ont le malheur de s'écarter du groupe et encore celles qui sont placées sur les rangs extérieurs.

Il est vrai qu'elles ne restent pas constamment immobiles, elles se relaient dans ce poste dangereux ; mais quand le froid est rigoureux, elles sont bientôt assez engourdies pour n'avoir pas la force de se défendre contre les attaques des souris. Aussi, ces dernières ne les épargnent pas, et pour peu que la rigueur du temps ait une longue durée, les abeilles cruellement décimées se trouvent bientôt en trop petit nombre pour pouvoir se garantir contre le froid, et alors elles succombent aux attaques réitérées de leurs ennemis.

Dans certains cantons, on a grand soin de renfermer les abeilles aussitôt que les froids se font sentir assez vivement pour les engourdir. Ceux qui ont des ruches ouvertes de tous côtés, comme le sont ordinairement les ruches en

cloche faites d'osier, scellent la ruche sur le tablier ou support, au moyen d'un peu de terre
grasse mêlée de fiente de vaches. D'autres se
bornent à visiter le surtout en paille et à le
rendre assez épais pour empêcher la pluie de
pénétrer au travers. Ceux-là ne s'inquiètent nullement de les garantir du froid en les tenant
prisonnières. Leurs ruches sont ordinairement
placées sur deux traverses de bois exactement
comme le serait une pièce de vin. Ainsi, l'ouverture de la ruche reste constamment libre, et
par l'ouverture j'entends toute la partie inférieure de la ruche.

C'est particulièrement dans le Nivernais que
cette coutume se pratique. Je n'ai pas entendu
dire que les abeilles en souffrent en aucune manière.

Les cultivateurs de cette contrée donnent pour
motif de cette coutume que l'air des ruches a
besoin d'être sans cesse renouvelé, et que le
froid empêche les souris et les mulots d'y éta-
blir leurs nids pendant l'hiver pour y vivre aux
dépens des abeilles, ainsi que ces animaux le
font souvent quand ils peuvent s'introduire où
la petitesse ou l'absence d'ouverture occasionne
une certaine concentration de chaleur. Au
reste, les abeilles supportent bien le froid des
climats du Nord, puisqu'on en voit jusqu'aux

dernières limites des contrées glaciales de la Russie.

Un ennemi bien plus redoutable que les souris, c'est la disette.

En vain l'abeille prévoyante amasse des provisions pour l'époque où il n'y a plus de fleurs, l'homme trop avide s'empare de la plus grande partie de ces trésors, recueillis avec tant de peine, conservés avec tant de soins.

Aussi, qu'arrive-t-il souvent?... Les abeilles, manquant de provisions pour attendre le retour du printemps, meurent par milliers, et le propriétaire des ruches dépouillées si imprudemment, perd à la fois le peu de miel qu'il leur avait laissé et les ruches sur lesquelles il fondait les plus belles espérances.

C'est l'histoire de la poule aux œufs d'or!...

Une autre cause de ruine vient de l'ignorance profonde de celui qui a dépouillé la ruche de son miel.

Les abeilles ne vivent pas seulement de miel, mais aussi de pollen; il est, ainsi que je l'ai déjà dit, indispensable à l'éducation des larves, et les abeilles qui en sont entièrement privées sont presque toujours atteintes par la dyssenterie.

Quand elles ne paraissent pas avoir souffert de la privation de cette substance, c'est qu'elles en avaient déposé dans la partie supérieure de la ruche ; malheureusement, cela n'arrive pas toujours, aussi les apiculteurs en perdent-ils énormément certaines années où le froid n'est pas assez rigoureux pour empêcher la trop grande consommation de cette précieuse substance.

Ces hivers trop doux sont souvent fatals aux abeilles ; pendant ces chaleurs intempestives, elles s'agitent beaucoup ; la reine commence trop tôt sa ponte, de sorte que, avant le retour des fleurs, elles se trouvent dépourvues de miel et de pollen, et souvent attaquées par la dyssenterie.

Au reste, si l'on voit les abeilles se trainer languissamment au fond et aux abords de la ruche, il ne faut pas attendre plus longtemps à leur porter secours.

J'indiquerai au chapitre *Nourriture des ruches faibles*, ce qu'il faut faire pour les rendre capables de traverser le reste de la saison froide.

On voit que les soins à donner aux abeilles, pendant l'hiver, se bornent à peu de choses. Il n'est pas d'ouvriers, de cultivateurs qui ne puissent jeter de temps en temps quelques regards sur elles pendant la morte saison.

Si l'on désire changer l'emplacement du rucher, il faut le faire pendant cette époque, car

3.

une fois les beaux jours arrivés, on ne peut l'o-
pérer sans de graves inconvénients : les abeilles
accoutumées à retrouver leur ruche à une certaine place, y retournent obstinément, et bientôt,
saisies par la fraîcheur, elles y périssent de faim
et de froid.

CHAPITRE IV.

Des soins à donner aux abeilles jusqu'à l'époque de l'essaimage.

Qui pourrait assister au réveil de la nature
sans se sentir ému, sans éprouver une joie pure,
religieuse, qui élève l'âme jusqu'à celui qui nous
permet d'espérer un autre printemps plus beau
encore et qui n'aura pas de fin.

Cette époque, la plus agréable de l'année,
est certainement la plus chère aux apiculteurs.
En voyant l'ardeur que déploient les abeilles
et l'aspect prospère du rucher, ils oublient
les désastres passés et se promettent d'en prévenir le retour par des soins mieux entendus.

Chaque jour il naît des centaines d'abeilles.
La population, qui avait été décimée plus d'une
fois, soit par la faute du propriétaire ou par
des causes indépendantes de sa volonté, com-

mence à faire entendre ce joyeux bourdonnement, qui a tant de charme pour l'apiculteur,
parce qu'il est l'annonce d'une prochaine émigration. Au reste, les abeilles n'exigent aucun
soin pendant cette belle saison ; elles savent
pourvoir à tous leurs besoins, et ce n'est que
lorsque la population a doublé, triplé même,
qu'elles songent à émigrer pour trouver un
nouvel asile, car leur demeure est devenue trop
étroite pour elles.

Aussi, voyez cette ruche, les abeilles sont si
nombreuses, qu'elles ne peuvent s'y loger toutes ;
le soir, une partie pend en forme de grappe
sous l'appui de la ruche ou se tient en masse
serrée contre ses parois.

Approchez-vous sans crainte et prêtez attentivement l'oreille, vous entendrez, au milieu du
bourdonnement immense occasionné par 30 ou
40,000 abeilles, la voix claire de la reine. Alors,
pour un moment, tout bourdonnement cesse,
ainsi que le bruit sourd que font les travail-
leuses en limant, coupant les gâteaux qui sont
en construction ou en réparation.

Ce son produit par la reine est l'annonce
d'une résolution extrème ; il s'agit d'abandon-
ner la demeure où l'on a passé l'hiver, et c'est
la vieille reine elle-même qui va se mettre à la
tête des émigrants, pour les conduire dans une

autre demeure choisie les jours précédents par les émissaires envoyés à ce sujet.

Les abeilles savent donc allier la prudence ou prévoyance au courage et à l'amour du travail.

Lors donc que vous verrez les abeilles groupées autour de la ruche ou suspendues en forme de grappe, dans l'attitude du repos, que vous entendrez le soir un bruit plus grand que de coutume, et que vous distinguerez le chant de la reine qui domine le tumulte, soyez assuré que, si le temps est propice, elles se disposent à essaimer dès le jour suivant. C'est l'acte le plus important de leur vie, c'est aussi le moment où elles exigent la plus grande surveillance.

Ayez donc soin de vous munir d'une ruche, et si vous avez peur des piqûres, ayez aussi un masque et des gants. Il est probable que vous n'en aurez pas besoin, mais il ne faut pas être pris au dépourvu.

CHAPITRE V.

Sortie de l'essaim. — Comment s'en emparer. — Influence du bruit, de l'eau, de la poussière.

Supposons toutes les conditions favorables à

la sortie de l'essaim ; temps chaud, soleil bril-
lant, du moins par intervalles, souvent, lorsque
tout se dispose à l'orage. Si à ces différents
signes précurseurs les abeilles deviennent tout
à coup silencieuses, que celles qui rentrent chargées de provisions s'arrêtent étonnées sur l'appui de la ruche, vous pouvez vous attendre à la
sortie de l'essaim.

Tout à coup un bourdonnement clair, qui va
toujours en augmentant, annonce son départ
précipité. Ce moment est précédé par l'appel
d'un certain nombre d'abeilles qui tournoient
au-dessus de la ruche. Ce sont elles qui produisent le bourdonnement particulier dont je viens
de parler.

Quoi qu'il en soit, une fois le moment de
la sortie arrivée, les abeilles ont bientôt franchi
l'espace et elles se répandent au loin en produisant un bourdonnement assourdissant.

C'est le spectacle le plus intéressant qu'il soit
possible de voir. Vingt, trente, et quelquefois
quarante mille abeilles se balançant dans les
airs, sans direction apparente, sans ordre, et
cependant, à un signal donné par quelques-unes
d'entre elles, elles se dirigent toutes vers le
même point, soit contre une branche d'arbre,
soit tout autre objet, et là, elles se groupent
en masse serrée. Un moment après, tout est de

nouveau tranquille, et c'est à peine si quelques abeilles voltigent encore çà et là.

Les gens de la campagne s'imaginent que c'est au tapage infernal qu'ils font dans cette occasion, qu'il faut attribuer le repos momentané des abeilles. Il n'en est rien. Le bruit n'est utile qu'à une seule chose, c'est de donner le droit de poursuite dans le cas où l'essaim s'éloignerait trop de leur demeure.

La loi autorise les poursuivants d'abeilles munis des instruments consacrés par l'usage, tels que poêlons, chaudrons, pelles à feu, etc., à entrer dans le domaine du voisin et à s'emparer de l'essaim dans quelque lieu qu'il se soit posé. Tout ce qu'elle défend ; c'est de faire des dégâts ; le poursuivant en est d'ailleurs responsable.

Voilà probablement le motif le plus raisonnable du vacarme qui se fait dans le but d'arrêter les essaims.

Un moyen plus efficace, c'est de les asperger d'eau au moment où elles se disposent à prendre une direction quelconque ; à cet effet, il faut se placer au-devant d'elles et leur en jeter soit avec un balai ou mieux avec une pompe comme celles dont les jardiniers font usage, ce qui les oblige à se fixer sur le premier objet qui s'offre à leur portée.

On peut suppléer au manque d'eau par de la poussière, du sable fin, des cendres, etc. Mais ce moyen est loin d'être aussi efficace que le premier, car souvent alors elles s'élèvent hors de portée et rendent par là tous les efforts inutiles.

Il est rare qu'un premier essaim prenne un vol élevé. Conduit par la vieille reine, plus faible et plus lourde qu'une jeune, il s'abat ordinairement aussitôt et va se fixer sur le premier arbuste, contre le premier objet qu'il rencontre ; souvent même, la vieille reine, fatiguée, se pose à terre, et bientôt toutes les abeilles se groupent autour d'elle. Ce sont là les cas les plus favorables et qui présentent le moins de difficulté à la prise de l'essaim.

Quelquefois la reine n'ayant pu sortir de la ruche à temps, renonce, pour le moment, à son projet. Alors les abeilles, s'apercevant de son absence, rentrent d'elles-mêmes dans la ruche, et, pour ce jour-là, il n'y a point d'essaimage.

Lorsque, par contre, les abeilles s'élèvent à une grande hauteur, tout à fait hors de la portée des moyens que j'ai indiqués plus haut, tels que l'eau et le sable qu'on jette au-devant d'elles, il ne reste d'autre parti à prendre que de suivre la direction de leur vol, car il serait impossible de courir après elles. Une fois qu'elles ont pris leur vol, c'est avec l'impétuosité de l'ouragan.

Mais, ainsi que je l'ai dit, en observant la direction qu'elles suivent, il est facile de les rattraper, car elles ne s'écartent jamais de la ligne la plus directe pour atteindre le lieu où elles se rendent.

Marchez donc hardiment devant vous, examinez attentivement tous les arbres qui se trouvent sur le parcours de l'essaim, et bientôt vous reconnaîtrez au murmure lointain que vous entendrez que vous êtes sur les traces des abeilles fugitives.

En cherchant bien, vous découvrirez une masse noire enveloppant soit une branche élevée de quelque vieil arbre, soit couvrant son tronc raboteux. Quelquefois l'essaim s'est groupé dans un épais buisson ou contre un vieux mur. Ordinairement c'est vers un arbre creux que l'essaim s'est dirigé. Vous le verrez alors, montant en colonnes serrées, parvenir jusqu'au trou abandonné par les mésanges où les écureuils, où il disparaît sans bruit. C'est pourquoi il faut se hâter de suivre les essaims fugitifs, autrement il serait très difficile, pour ne pas dire impossible, de les découvrir, car au bruit assourdissant qu'ils font entendre succède le silence le plus absolu.

Un jour je suivais de l'œil un essaim qui s'était dérobé à ma possession ; je le regrettais d'autant plus qu'il était le plus fort que j'eusse vu sortir cette année-là. Je ne perdis cependant pas l'espoir de m'en emparer ; sautant par-dessus les clôtures, je parvins, après une course pénible de plus d'une demi-lieue, en face d'un noyer séculaire. L'essaim, qui avait traversé les airs avec une rapidité extrême, se trouvait avoir une avance considérable sur moi. Il était posé, et à peine une vingtaine d'abeilles bourdonnaient-elles à une grande hauteur au-dessus de ma tête. Après avoir considéré un moment, je vis enfin une longue file d'abeilles qui descendaient lentement pour atteindre une crevasse que j'apercevais à une dizaine de pieds au-dessus de moi.

J'eus bientôt pris mon parti, car il n'y avait pas de temps à perdre. Quelques-unes d'entre elles étaient déjà entrées dans cette crevasse, et il devenait certain que toutes allaient bientôt disparaître de même ; alors il eût été bien plus long et plus difficile de s'en emparer.

Faisant à la hâte une boule de terre détrempée, car il avait plu la veille, je la jetai avec force contre l'entrée de cette ruche des bois, et je réussis, à l'aide de quelques autres projectiles de même matière, à les empêcher d'y pénétrer.

Heureusement pour moi, il n'y avait pas d'autre entrée, et j'eus le temps d'envoyer chercher une ruche. Un moment après, les abeilles qui s'étaient groupées auprès de là tombaient dans ma ruche à l'aide d'un plumeau dont je m'étais pourvu ; la ruche fut déposée au pied de l'arbre pour donner aux récalcitrantes le temps de venir retrouver leur reine, qui, heureusement, se trouvait parmi celles qui étaient tombées dans la ruche.

Mais celles qui étaient déjà entrées dans la ruche naturelle qu'elles s'étaient choisie, que sont-elles devenues ? Vous leur avez permis de rejoindre leur reine ?...

Hélas ! non, répondrai-je ; car si je l'eusse fait, si j'eusse rouvert le trou, il est très probable que mes abeilles, qui déjà étaient passablement en colère, eussent abandonné ma belle ruche pour cette cavité, toute noire qu'elle fût, tant elles ont l'amour de la liberté, ainsi qu'un vif attachement pour la demeure qu'elles se sont choisie elles-mêmes.

Cela est si vrai que, trois années de suite, les abeilles de cette ruche ont envoyé une colonie dans le vieil arbre.

J'ai pu m'emparer des deux premiers essaims, mais le troisième est parvenu à s'y loger, malgré mes soins à l'en empêcher. Au reste, je l'aurais pris de force si le propriétaire de l'arbre l'eût permis.

Je n'en finirais pas si je parlais de toutes les aventures qui advinrent à un grand nombre de mes essaims. Qu'il me soit seulement permis de mentionner les faits qui peuvent servir d'instruction sur ce sujet.

Un essaim sort et est immédiatement suivi d'un second qui part d'une autre ruche. Les abeilles des deux essaims se confondent bientôt et forment une masse qui va toujours grossissant, lorsqu'un troisième vient encore se joindre aux deux premiers.

Laisser cette prodigieuse quantité d'abeilles se réunir pour ne former qu'une ruche eût été une perte réelle, car chacun des essaims était suffisamment peuplé pour former une bonne ruche, et, de plus, c'étaient des premiers de la saison. En les séparant pour en former trois ruches, je conservais la vie à trois reines également fécondes. Je fis donc tomber les abeilles qui s'étaient réunies, sur un drap, les séparant aussitôt avec un plumeau, je mis sur chacun des trois lots que j'avais faits une ruche toute préparée. Il paraît que je n'avais pas fait une juste répartition des reines, car une seule partie se tint là où je l'avais mise ; les deux autres se réunirent de nouveau, ce qui m'obligea à recommencer deux fois l'opération ; enfin j'en vins à bout, à ma grande satisfaction.

Je dirai à ce sujet qu'il est bien de réunir deux essaims quand ils sont faibles tous deux, ou l'un des deux ; mais qu'il est sage de laisser seul le premier et le second essaim que donne une ruche, pour peu que le nombre d'abeilles dont il est composé soit suffisant.

Au reste, ce n'est que lorsque vous serez familiarisé avec les abeilles que vous pourrez vous enquérir des moyens de ne pas faire d'erreur à ce sujet. Je répéterai donc ce que j'ai dit précédemment, qu'un bon essaim doit peser au moins 1 kilogramme 500 à 2 kilogrammes, et que 1 kilogramme d'abeilles vivantes et bien chargées de miel, comme elles le sont quand elles émigrent, se compose d'environ sept mille abeilles.

Ainsi un essaim, pour ne pas être faible, doit se composer d'environ douze à quinze mille individus.

Il faut prévenir la sortie d'un troisième ou au moins d'un quatrième essaim, à moins qu'on ne préfère les réunir tous deux.

CHAPITRE VI.

Suite du précédent, et manière de préparer les ruches avant d'y placer les essaims.

Quand l'essaim est une fois groupé quelque part, il faut tout de suite, et pendant qu'il est fatigué de son vol bruyant, tâcher de le faire entrer dans la ruche qui lui est destinée ou dans une ruche provisoire. Les apiculteurs ont en réserve pour cette occasion une ruche faite exprès, pouvant au besoin se fermer afin d'empêcher la sortie des abeilles, et en outre disposée de manière à pouvoir la suspendre facilement. Elle doit avoir une ouverture par le haut, qu'on tient fermée jusqu'au moment où l'on fait passer l'essaim dans la ruche qui lui est destinée.

On ne doit le retenir prisonnier dans cette ruche provisoire que jusqu'au soir, ou tout au plus jusqu'au lendemain. Dans ce dernier cas, il est très important de continuer l'emprisonnement jusqu'à la nuit suivante, car autrement les abeilles, irritées d'être ainsi dérangées, s'enfuiraient indubitablement ; une nuit de repos les calme et leur donne le temps de s'accoutumer à leur nouveau domicile.

La manière de les faire entrer dans la ruche

provisoire ou définitive dépend de la position que les abeilles ont choisie.

On comprendra que ces positions pouvant varier à l'infini, je ne pourrais décrire tous les moyens à employer; je me bornerai donc aux trois cas principaux qui se rencontrent le plus souvent dans la pratique.

Lorsque l'essaim s'est posé par terre, ou sur un petit arbre, ou dans toute autre position à votre portée, couvrez-le immédiatement d'une ruche, en observant de la placer de manière qu'elle touche l'essaim par un de ses bords intérieurs. Les abeilles ne tarderont pas à y monter d'elles-mêmes, surtout si vous avez eu soin de l'enduire intérieurement avec un peu de miel.

Si une demi-heure s'écoulait sans résultat, faites un peu de fumée avec des chiffons pour les obliger à déguerpir de la position qu'elles ont adoptée. Mais faites attention de ne pas faire entrer la fumée dans la ruche que vous leur offrez.

Un de mes voisins, grand fumeur, se servait de sa pipe pour diriger doucement et à volonté les abeilles.

Aussitôt que vous verrez la masse de l'essaim se porter vers la ruche que vous lui offrez, votre victoire est certaine, car c'est un signe assuré que la reine elle-même s'est décidée à profiter de votre ruche pour en faire sa demeure.

Quand toutes les abeilles sont entrées, si vous craignez que le vent ou un accident quelconque n'ébranle la ruche, vous pouvez hardiment l'enlever, soit pour la déposer au pied de l'arbre, soit pour la transporter immédiatement à la place que vous lui destinez. Dans ce dernier cas, il est prudent de les tenir renfermées jusqu'à la nuit.

Lorsque l'essaim s'est posé sur un arbre très élevé, tout à fait hors de votre portée, si vous jugez qu'il soit impossible de le faire tomber dans une ruche placée à l'extrémité d'une perche, il ne faut pas attendre que les abeilles soient reposées de leur course, il faut à l'instant même les obliger à chercher un lieu plus commode pour cette opération.

Pour cela, il faut avoir recours à tous les moyens en votre pouvoir, tels que de secouer la branche, jeter du sable, enfumer les abeilles au moyen d'un tampon de linge fumant attaché à l'extrémité d'une longue perche. Avec un peu de patience, vous en viendrez à bout.

Le troisième cas, qui offre de grandes difficultés, c'est lorsque les abeilles ont choisi quelque lieu inaccessible, tel que le faîte d'un clocher, un trou dans quelque muraille élevée, la partie avancée d'un toit, etc., etc. Je ne connais d'autres moyens de les chasser de ces lieux de difficile accès que la fumée, et malheureusement il est très dangereux d'y avoir recours à cause du feu qui pourrait se communiquer. Cependant on peut encore essayer d'y injecter de l'essence de térébenthine. Elles redoutent extrêmement les émanations qui s'en échappent, et bien souvent cette odeur suffit pour les obliger à fuir. Il faut veiller sur elles et les considérer comme perdues si, une heure après avoir tenté ce dernier moyen, elles n'abandonnent pas cette position.

J'ai parlé de la préparation des ruches : elle consiste à les passer sur une flamme légère qui enlève l'odeur de moisissure qu'elles pourraient avoir contractée. Cette flamme, qu'on obtient au moyen d'un peu de paille, chasse aussi les insectes qui s'y tiendraient cachés.

Après avoir flambé légèrement les ruches, il faut les enduire intérieurement d'un peu de miel commun. Les abeilles s'empressent de le lécher, ce qui les attire et leur plaît beaucoup. L'odeur du miel a pour elles un attrait irrésistible. A défaut de miel, frottez la ruche avec des fleurs ou herbes odorantes, ainsi que je l'ai déjà dit.

DEUXIÈME PARTIE.

CHAPITRE PREMIER.

Récolte du miel et de la cire dans les diverses sortes de ruches.

Nous voici maintenant arrivé à l'époque où les abeilles doivent nous récompenser des soins et de l'hospitalité que nous leur accordons.

Chaque pays suit une méthode particulière pour s'emparer des provisions de l'abeille industrieuse ; les unes sont empreintes d'une cruauté révoltante, les autres, sans offrir le même spectacle d'ingratitude, sont pratiquées avec tant d'avidité, que finalement je suis persuadé que si l'on consultait les abeilles sur le traitement qu'elles préfèrent, elles nous diraient : *nous aimons mieux la mort que la vie de misère que vous nous préparez par votre avidité mal calculée.*

Or, voici un abrégé des méthodes en usage.

Dans les Landes, les ruches les plus fortes, les plus lourdes, sont désignées chaque année par leur propriétaire à subir le triste sort que voici :

4

On prépare un certain nombre de fûts, tels que ceux dont on se sert pour mettre le vin. Le matin, de bonne heure, lorsque les abeilles sont encore engourdies par la fraîcheur des nuits de novembre, on transporte les ruches destinées à la récolte, auprès du lieu où doit se faire l'opération. Alors des hommes forts et adroits saisissent une ruche, et, par un coup violent, font tomber dans le fût, miel, cire, abeilles, couvain, enfin, tout ce que contient la ruche. Une autre personne, munie d'un fouloir semblable à celui dont on se sert pour écraser le raisin, se dépêche de fouler cette vendange de nouvelle espèce, et comme le miel est naturellement chaud, tant qu'il reste dans une ruche peuplée, les abeilles sont bientôt noyées dans la liqueur qu'elles ont amassée avec tant de soin.

Toutes les ruches condamnées subissent le même traitement.

Dans d'autres lieux, on place les ruches sur un trou creusé dans la terre où l'on a préalablement allumé une mèche soufrée. Cette méthode est encore plus barbare que la première, car les malheureuses abeilles périssent dans des accès de rage inexprimables.

Malheur à celui qui soulèverait la ruche dans ce moment d'angoisses !

Maintenant voici une méthode qui, pour être

en apparence moins cruelle, a pour les abeilles des suites aussi funestes ; si ce n'est toujours, du moins cela arrive bien souvent.

Pour vous donner une juste idée de cette méthode, je me permettrai d'emprunter le tableau suivant à M. Frémiet, auteur d'un ouvrage très intéressant sur la culture des abeilles dans les bois.

« Voyez sortir par la porte de derrière de
» cette habitation couverte de lierre, dont l'état
» atteste l'avarice du propriétaire et les épines
» qui l'entourent la paresse du fermier, voyez
» ces deux fantômes, ou plutôt ces deux bour-
» reaux masqués et cuirassés ; ils s'avancent le
» fer et le feu à la main ; ils se déguisent pour
» paraître devant ces insectes bienfaisants qu'ils
» vont si cruellement dépouiller ; ils s'appro-
» chent déjà des ruches dont les abeilles sont
» encore engourdies par la fraîcheur d'une nuit
» de printemps ou d'été.

» Une vieille femme les suit tenant à la main
» le chaudron qui a rappelé l'essaim fugitif, ce
» chaudron oxydé va servir à un autre usage ; il
» va recevoir le miel et les abeilles mutilées.
» C'est sur un vieux tonneau que va s'exécuter
» le carnage et le pillage ; c'est sur ce fatal ton-
» neau que les abeilles vont succomber par cen-
» taines, les unes par le fer, les autres par le

» feu ; une partie sera noyée dans le miel amassé
» avec tant de peine et conservé avec tant d'éco-
» nomie ; d'autres enfin, voulant mourir en
» braves, vont se précipiter sur les assassins et
» périr victimes de leur courageux dévouement
» pour la chose publique. Mais rien n'ébranle
» nos pillards, ni les morts, ni les blessés, ni
» leur intérêt futur ; il leur faut du miel et de
» la cire : couteaux, rayons, gâteaux, tout est
» tranché au même niveau. Plus la ruche est
» fournie, plus elle est maltraitée.

» Malheur à la reine qui a déposé du couvain
» dans des alvéoles trop bas ! Sa fécondité est
» punie par la mort de sa famille, et souvent elle
» périt elle-même en la protégeant !

» Alors tout est perdu ; cette fois la maladresse
» et la cruauté punissent l'avidité.

» Mais la reine échappât-elle au carnage, les
» abeilles n'en tombent pas moins par milliers,
» et sont foulées aux pieds par celui qui fait
» l'opération.

» La terre est couverte d'abeilles mourantes
» ou mortes : à cela ajoutez celles qui, le soir,
» ne pouvant regagner la ruche, meurent la nuit
» suivante ; celles qui sont mutilées, empêtrées ;
» celles qui se sont défendues et qui ont laissé
» leur dard ; celles enfin qui ont été atteintes
» par le feu ; vous pouvez compter qu'il a péri

» plus du sixième de la population de chaque
» ruche ! »

Ce tableau tracé par un ancien militaire n'a
rien d'exagéré, et toutes les personnes qui ont
assisté à ces exécutions ont pu se convaincre
que les hommes sont en effet bien barbares et
cruels envers les pauvres abeilles. Il est du devoir de tout homme de cœur d'éviter aux animaux qui travaillent pour lui un traitement
aussi atroce.

Que diriez-vous de celui qui, au lieu de tondre
ses brebis, leur arracherait la laine sur le dos
et les ferait périr misérablement?... Les abeilles,
pour être de petits animaux, des mouches,
comme on les appelle dans la campagne, n'en
sont pas moins des créatures animées; elles sont
même douées d'un instinct supérieur à celui des
plus gros animaux, tels que le cheval, le bœuf,
la brebis.

Dans le but de faciliter la récolte du miel sans
causer trop de perturbation parmi les abeilles,
et d'éviter ces massacres aussi désastreux pour
leur propriétaire que pour elles, quelques personnes, guidées par des sentiments d'humanité
ou d'intérêt, ont imaginé de profiter des dispo-
sitions bien connues de prudence que l'instinct
ou l'expérience leur ont fait prendre. Ayant
observé que ces insectes déposaient toujours

4.

leurs provisions dans la partie la plus reculée de leur habitation, on leur a offert des ruches imitant un tronc d'arbre debout ou couché, dans lesquelles on avait eu soin de ménager une large ouverture du côté opposé à l'entrée des abeilles, mais que l'on tenait fermée jusqu'au moment de la récolte.

Telle est l'origine des ruches du Périgord, de l'abbé Bienaimé et de plusieurs autres encore. Les hommes ont donc usé de stratagème pour s'emparer sans coup férir, pour me servir d'une expression usitée, de toutes les provisions amassées par les abeilles.

Ceux qui savent modérer leur désir, jouissent ainsi et de la récolte et du plaisir de n'avoir pas même blessé une abeille. Mais, hélas! c'est cette trop grande facilité qui fait aussi le malheur de ces pauvres insectes. On ne sait pas modérer ses désirs, et en voyant tant et de si beau miel à sa disposition, on en prend sans discrétion, sans réflexion. Qu'arrive-t-il alors?... Les abeilles, ruinées par l'avarice de l'homme, ne peuvent réparer leurs pertes avant la fin de la saison des fleurs; l'hiver arrive, et celles qui ont pu vivre jusque là tant bien que mal, meurent de faim avant le retour des beaux jours. Quand on leur a laissé des provisions en suffisante quantité pour ne pas mourir de faim, on croit avoir fait beaucoup pour elles. Mais cela ne suffit point pour les engager à travailler à la multiplication, car la reine ne pond qu'à proportion de l'abondance où elles sont, et les nourrices ne soignent point les œufs pondus dans un temps de disette ; elles n'élèvent point de couvain ; bien plus, elles le sacrifient sans balancer au bien général.

Lors donc que de semblables ruches sont exploitées par le commun des apiculteurs, la ruine de leurs ruchers en est la suite inévitable. Voilà pourquoi d'excellentes méthodes sont et seront toujours repoussées jusqu'à ce que les sentiments de justice et d'équité aient pénétré profondément dans les masses.

Il en a été ainsi de la ruche villageoise de M. Lombard, perfectionnée si judicieusement par M. Radouan, de la ruche de l'abbé Bienaimé, dont M. le général Cannel a renouvelé l'usage.

Quant à la ruche de M. Nutt, qui a fait tant de bruit il y a quelques années, je n'en parle ici que pour constater qu'elle n'a répondu en aucune manière à la grande renommée que les amateurs de nouveauté s'étaient plu à lui faire, bien mal à propos.

La ruche à l'air libre de M. Martin n'a jamais trouvé de sympathies dans les campagnes.

Celle d'un apiculteur distingué, M. Frémiet,

est très ingénieusement pratiquée par son auteur, mais elle offre de telles difficultés qu'il faut toute l'adresse de M. Frémiet pour s'en servir avec succès.

Un célèbre naturaliste de Genève, M. Huber, avait imaginé un système de ruche très approprié au but que les auteurs dont je viens de parler s'efforçaient d'atteindre. Cependant, les gens de la campagne n'ont pas même voulu l'essayer, tant elle leur paraissait compliquée et embarrassante. En vain M. Féburier s'est efforcé de la rendre populaire, il n'ajoutait que de nouvelles complications; ainsi, au lieu d'employer des cadres carrés, assez faciles à construire, il a donné à sa ruche une forme embarrassante.

Ces cadres offrant en effet quelque difficulté dans la pratique, M. de Prokopovish, célèbre apiculteur russe, a imaginé de les renfermer dans un corps de ruche.

Il a fondé, en 1830, une école où cette méthode est enseignée à quelques centaines d'élèves venus de tous les points de la Russie, et la société polytechnique de Paris l'a fait connaître en France en 1841.

Ce système de ruches à cadres mobiles paraît devoir prendre une certaine extension. A la grande exposition de 1849, les amateurs ont pu en voir une parmi les ruches de nouvelle invention, mais celle de l'apiculteur russe en diffère par ses proportions, qui sont vraiment gigantesques, ayant plus de 1 mètre de hauteur sur 45 centimètres de largeur. Au reste, pour qu'une ruche devienne populaire, il faut que la simplicité s'allie à la commodité, non seulement pour l'exploitation, mais aussi pour le bien-être des abeilles.

Les gens qui ont des occupations sérieuses, les travailleurs, les petits fermiers, les propriétaires qui font valoir par eux-mêmes leurs terres pourront-ils jamais consacrer un temps précieux à redresser les rayons mal construits, à insinuer de nouveaux cadres au fur et à mesure des besoins des abeilles? etc., etc. N'est-ce pas déjà un assez grand sacrifice que de veiller à la sortie des essaims? etc., etc. Au reste le succès justifie les plus hardies nouveautés ; faisons des vœux pour que celui de M. Debeauvoys ne soit pas éphémère, il aura rendu un grand service aux gens de la campagne en popularisant un système de ruche que le célèbre Huber s'était vainement efforcé de répandre dans le public, entreprise où Féburier lui-même a échoué malgré sa haute réputation.

On a remarqué aussi à l'exposition la ruche de M. Château. Celle-ci est en paille, elle offre à la fois la forme et le chapiteau mobile de la ruche Lombard ; elle est de plus divisée en deux parties égales dans le sens de sa hauteur.

M. Château a reçu la médaille de bronze en récompense de son zèle pour les progrès de l'apiculture.

On doit certainement reconnaître les efforts de tant d'hommes persévérants, dont la vie s'est pour ainsi dire écoulée en travaillant au même but, celui de tirer tout le parti possible de l'industrie des abeilles, tout en ménageant celles-ci, dans notre intérêt, il est vrai, plutôt que dans celui de ces dernières. Ont-ils réussi dans cette difficile entreprise? C'est ce dont il est permis de douter en voyant que partout règne cette vieille ruche en cloche, si décriée, si anathématisée par de nombreux et infatigables inventeurs.

Pour que cette vieille ruche soit l'objet d'un attachement si durable, si inébranlable, il faut qu'elle offre pourtant certains avantages que les autres ne présentent pas au même degré; sans cela elle n'aurait pas résisté si longtemps aux efforts combinés de tous les hommes instruits qui se sont pris de belle passion pour les abeilles et ont voulu nous laisser un témoignage permanent de leurs études en apiculture.

C'est dans le but de concilier cette ruche antique, qui longtemps encore sera l'objet de la préférence du cultivateur, avec les progrès de la science et les exigences que l'humanité réclame de nous envers ces pauvres petites créatures, si intelligentes, si laborieuses, que j'ai pensé utile de publier la méthode qui fera l'objet du chapitre suivant.

Cette méthode n'exige que peu de soins ; les produits en sont abondants et elle est d'une exécution aisée et à la portée du plus pauvre cultivateur.

CHAPITRE II.

Suite du précédent. — Moyen plus simple de récolter la cire et le miel.

N'ayant pas la prétention d'imposer une nouvelle forme de ruche, il est nécessaire que je donne tous les détails que je croirai utile à l'intelligence de mon procédé d'exploitation. J'ai déjà recommandé les ruches de petites dimensions dans le but d'éviter les inconvénients de la taille, dont M. Frémiet nous a donné une si vraie et si triste description.

Pour suppléer au manque de capacité, j'ai imaginé de poser la ruche sur un cylindre d'environ 30 centimètres de haut, et d'une circonférence égale à celle de la ruche.

Mais il était nécessaire de rendre la séparation aussi facile et complète que possible, sans
isoler les travaux et sans nuire à la communi-
cation qui doit exister entre la partie supérieure
et la partie inférieure.

Il fallait aussi que la partie inférieure fût plus
exposée à l'air, par conséquent plus fraîche,
afin d'engager la reine, qui a l'instinct de placer
les œufs dans la partie la plus abritée, la plus
chaude, à ne jamais en déposer dans le bas de
la ruche ou cylindre.

Pour obtenir ces résultats, je me sers de
deux claies légères que je pose sur le cylindre,
en ayant l'attention de les placer l'une dans
un sens, l'autre dans un sens opposé, ce qui
forme une espèce de treillage.

Quand les abeilles ont rempli la ruche, ce
qui leur est aisé, vu son peu de capacité, elles
continuent leurs travaux dans le cylindre. Elles
ont soin d'assujettir les gâteaux ou rayons de la
partie supérieure ou ruche à la claie qui en est
le plus rapprochée et leurs rayons s'arrêtent là.
C'est donc à la claie inférieure qu'elles suspen-
dent ceux qu'elles construisent dans le cylindre.

On comprend que de cette manière je puis
enlever facilement la ruche ou le cylindre sans
avoir trop à redouter la colère des abeilles, et
sans en tuer ou blesser une seule. La claie supé-

rieure restera attachée à la ruche et celle inférieure au cylindre. La figure n° 1 représente

Fig. 1.

le cylindre sur lequel sont placées les deux
claies. Lorsqu'on procédera à l'opération que je
viens de décrire, il sera néanmoins prudent
d'enfumer légèrement les abeilles. C'est une
mesure qu'il ne faut pas négliger toutes les fois
que l'on veut les visiter intérieurement.

Ce système n'a aucun rapport avec celui des
ruches à hausses, en usage dans quelques en-
droits.

La récolte des ruches à hausses trouble profondément les abeilles ; elles en sont découragées.

Prenant successivement chaque hausse, à

5

commencer par la supérieure, on ne récolte qu'une cire très brune et un miel tellement *travaillé* par les abeilles, qu'il a perdu non seulement sa couleur blanche ou d'un jaune limpide et sa transparence, mais aussi son parfum varié, pour ne plus offrir qu'un miel bru-

Fig. 2.

nâtre, mat, et dont l'odeur a quelques rapports avec celui qui s'exhale d'une vieille armoire, contenant certaines fleurs en usage pour faire des décoctions aux malades.

On m'objectera sans doute, que lorsque je m'empare enfin de celui de la ruche elle-même, je ne trouve pas autre chose, et cela est vrai; mais cette récolte ne forme qu'une partie de celle qui fait l'objet de ma culture.

Je suis obligé de prendre tout ce que la ruche contient, après avoir fait passer les abeilles dans une autre ruche, ainsi que je l'expliquerai au chapitre suivant, parce qu'on a reconnu que la vieille cire attirait particulièrement le papillon qui engendre la teigne, chenille qui vit aux dépens des abeilles, détruit complétement leurs travaux, et les oblige souvent à fuir la ruche qui en est infectée.

Un autre motif m'oblige également à cette opération. Lorsque la petite larve se dispose à se métamorphoser, elle revêt l'intérieur de l'alvéole qui lui sert de berceau, d'une toile que les abeilles ne peuvent ou ne savent pas enlever. Or, comme il se fait successivement plusieurs éducations de larves dans le cours d'une année, il arrive que l'alvéole se trouve rétréci d'une manière assez sensible pour nuire à l'accroissement de l'abeille.

Si ce rétrécissement allait s'augmentant d'année en année, il est certain que la population serait bientôt anéantie. Or, dans l'état sauvage, le papillon qui vient déposer ses œufs sur ces vieux édifices, rend un véritable service aux abeilles (1). Les petites chenilles s'emparent de ces vieux rayons ; elles y filent un réseau de soie si inextricable, que les abeilles ne peuvent plus y pénétrer ; ensuite, l'odeur de leurs excréments, qui ressemblent à de la poudre à canon, est tellement insupportable qu'elle les oblige à chercher un autre asile. Ainsi, un de leurs ennemis les plus redoutables est en même temps pour elles un bienfait de la Providence ; sans ces chenilles, qui les obligent à construire ailleurs de nouveaux édifices, l'espèce des abeilles rapetissée, abâtardie, serait depuis longtemps anéantie.

Au reste, ce qui a sauvé les abeilles de cette imminente destruction, soit à l'état sauvage, soit à celui de demi-domesticité où nous les tenons,

---

(1) Plusieurs auteurs affirment que ces chenilles se nourrissent exclusivement de cire, c'est une erreur ; si elles en mangent, ce n'est qu'en très faible quantité. Leur principale nourriture est le pollen ; la cire, dont on trouve des débris intacts autour d'elles et au fond de la ruche, ne leur sert que comme matériaux pour la construction de leurs galeries ; elles ne la mangent que faute de pollen, et c'est pour cela que les vieux gâteaux, qui en contiennent toujours un peu, les attirent plus particulièrement.

c'est la loi impérieuse qui les oblige à émigrer, c'est par les essaims que l'espèce se conserve dans les proportions voulues par le Créateur, proportions calculées avec tant de précision par rapport aux fleurs dans le calice desquelles elles doivent pénétrer.

En ne conservant pas de vieilles ruches, j'évite les inconvénients dont je viens de parler, et je maintiens les abeilles dans la condition la plus favorable, celle de l'essaim nouvellement établi. Elles en ont l'ardeur et conservent cette activité prodigieuse qui surprend toujours, lors même qu'on est habitué à ce spectacle intéres- sant.

CHAPITRE III.

Conditions du dépouillement de la ruche.

Il est une époque où les ruches ne renfer- ment que peu ou point de couvain ; on doit donc préférer ce moment pour procéder au dépouil- lement qui fait l'objet de ce chapitre.

La reine mère conduit toujours le premier essaim, c'est un fait incontestable.

Lorsqu'elle se met à la tête de la nouvelle colonie, il existe de jeunes reines toutes for- mées et prêtes à lui succéder.

Mais ces jeunes reines, d'âge différent, ne sont pas libres de leurs mouvements ; elles sont prisonnières dans la cellule même où elles ont subi leur transformation. Les abeilles chargées de leur éducation les y retiennent au moyen d'un lien de cire qui empêche l'opercule dont chaque cellule est recouverte de s'ouvrir. A peine leur est-il permis de se réserver une petite ouverture, par laquelle elles tendent leur trompe pour obtenir quelque goutte de miel de leurs nourrices.

Ce n'est souvent qu'un ou deux jours après le départ de la reine, qu'il leur est permis de rompre leurs liens.

Maintenant, récapitulons : lorsque la reine mère part, elle a déjà terminé sa ponte depuis plusieurs jours.

La jeune reine qui lui succède se met à la tête du second essaim avant d'avoir été fécondée.

Ce second départ a lieu huit à dix jours après le premier ; et une autre jeune reine hérite de sa devancière du droit de régner sur la ruche.

Si un troisième essaim se forme, ce qui a lieu dans les bonnes années et dans les pays abondants, c'est encore une jeune reine vierge qui se dévoue pour conduire la colonie.

Enfin, lorsque la ruche est presque épuisée d'abeilles, les nourrices absentes ou en petit

nombre laissent sortir les jeunes reines prisonnières ; la plus âgée, qui est toujours la plus
forte d'entre elles, usant de son droit d'aînesse,
détruit tout ce qui reste de la race royale, et
finit par régner sans contestation.

Jamais les abeilles ne se mêlent de ces exécutions. Leur affection pour les reines est si vive,
qu'elles respectent la volonté de leur chef jusque
dans ses fureurs.

Ce n'est que quelques jours après son établissement définitif, que la jeune reine est en état
de commencer sa ponte.

D'un autre côté, les derniers œufs pondus par
la reine mère subissant les effets de la chaleur
occasionnée par une population excessive, parviennent à l'état d'insectes parfaits plus tôt que
dans les circonstances ordinaires. Je me suis assuré que dans certains cas, à compter du moment
où l'œuf était pondu jusqu'à celui où la jeune
abeille sort de sa cellule, il ne s'était pas écoulé
plus de seize jours.

On peut donc procéder à l'opération qui fait
l'objet de ce chapitre, du quatrième au sixième
jour qui suit le départ du second essaim, ou le
lendemain de la sortie du troisième, si elle a
lieu.

En suivant ces indications, il est bien rare
qu'il se trouve encore du couvain dans les ruches

à exploiter, on peut donc en chasser les abeilles et s'emparer de tout ce que la ruche contient, sans être accusé de barbarie.

CHAPITRE IV.

Diverses manières de chasser les abeilles.

La plus ancienne de toutes est certainement celle qui a lieu au moyen de la fumée ; ce moyen, à la portée de tout le monde, est excellent, quand on ne peut réussir autrement, soit à cause de la position occupée par les abeilles, soit par d'autres motifs qu'il serait trop long de détailler ici.

Le second moyen usité est celui d'intimider les abeilles en frappant sur la ruche avec des baguettes. Il est bien entendu qu'on doit les retenir prisonnières lorsqu'on veut les soumettre à ce traitement.

Il est curieux de voir jusqu'à quel point on peut les effrayer par ce moyen. Est-ce pour leur reine, dont elles croient la sûreté compromise, qu'elles tremblent ainsi? On le croirait, car elles donnent trop de preuves de courage personnel pour attribuer leur crainte à des causes pusilla-nimes.

D'ailleurs, aux premiers coups frappés, la reine elle-même se présente hardiment pour en connaître la cause, et les abeilles en paraissent irritées, elles cherchent partout une issue. Si elles en découvraient une, malheur à l'imprudent qui se serait hasardé sans masque !

Mais lorsque leurs efforts sont vains, lorsque les coups redoublent, la reine se retire dans la partie la plus reculée et les abeilles se groupent autour d'elle comme pour lui faire un rempart de leurs corps !

Que de courage et de dévouement dans de pauvres insectes privés des lumières de la raison !

Il est encore deux autres moyens de s'emparer des abeilles, l'un par la privation de l'air.

Je ne saurais le conseiller dans ce moment, car il est rare de pouvoir obtenir l'effet désiré avec les ruches ordinaires ; l'air parvient presque toujours à pénétrer ces ruches mal jointes, et comme les abeilles s'éventent vigoureusement lorsqu'on les soumet à cette opération, on comprend que le plus petit interstice en empêche la réussite.

L'autre est connu sous le nom d'*éthérisation*.

Ce dernier moyen a été pratiqué avec succès par un grand nombre d'amateurs ; je ne puis non plus le recommander ici, à cause des difficultés

5.

qu'il offre à ceux qui ne l'ont pas vu pratiquer et de la dépense qu'il exige.

Reste donc à notre disposition les deux premiers, également économiques et à la portée de toutes les intelligences.

Les amateurs se servent d'un enfumoir adapté à l'extrémité d'un soufflet; on peut y suppléer au moyen d'un simple tuyau de fer battu de la grosseur d'une canne de jonc ordinaire et long d'un mètre; c'est moins embarrassant qu'un soufflet; quelques chiffons secs, auxquels on met le feu, produisent une fumée légère ou épaisse suivant que cela convient. On la dirige à volonté en soufflant par l'extrémité du tuyau.

Lorsque tout est disposé pour l'opération, on prend la ruche dont on veut chasser les abeilles, on la place d'une manière solide, l'ouverture en haut; on la recouvre de la ruche où l'on veut faire passer les abeilles, puis, à l'aide de la fumée qui sort de la canne, on éloigne les abeilles qui recouvrent les rayons. Il est bien entendu que la ruche supérieure est placée de façon à laisser assez d'espace pour introduire la canne ou tuyau entre les rayons, ce que l'on fait au fur et à mesure que les abeilles le permettent.

Bientôt les abeilles se mettent en état de bruissement, et à mesure que la fumée descend, elles fuient pour l'éviter.

Enfin, elles prennent la direction de la ruche supérieure, montent le long de ses parois et abandonnent la ruche renversée. Alors l'opération est terminée ; il faut au plus vite replacer la nouvelle ruche à la place où se trouvait celle qu'on veut dépouiller ; les abeilles errantes s'empressent d'y rentrer, et bientôt tout a repris l'aspect accoutumé.

Cette opération peut se faire sans masque et sans gants, quoique les abeilles ne soient pas prisonnières. La suivante exige plus de précaution.

On place de même la ruche à opérer sur un chantier ou sur toute autre chose, par exemple, entre les batons d'une chaise renversée, l'ouverture en haut.

On la recouvre d'une autre ruche, mais cette fois il faut que les deux ruches soient parfaitement l'une contre l'autre. Il faut aussi les environner d'un drap de manière qu'aucune abeille ne puisse sortir par l'intervalle qui les sépare, car elles peuvent ne pas être exactement de la même circonférence. Ces précautions prises, on commence à frapper légèrement sur la ruche dont on veut chasser les abeilles ; on se sert pour cela de deux petites baguettes.

Il faut continuer à frapper de plus en plus vivement, jusqu'au moment où elles se mettent en état de bruissement; c'est le signal qui précède le départ de la reine. Bientôt après on distingue le bruit qu'elles font en passant dans la ruche supérieure, et lorsqu'en prêtant l'oreille on n'entend plus rien dans la ruche inférieure, l'opération est faite; la reine, suivie de toute la population, l'a abandonnée.

Après quelques minutes de repos, on enlève le drap ou la bande de toile qui environnait les deux ruches, et l'on procède comme ci-dessus.

CHAPITRE V.

Nouvelle méthode. — Comment on peut se procurer un miel plus beau sans tourmenter les abeilles.

En faisant usage de la méthode que je viens d'indiquer, on pourra se procurer un miel supérieur en qualité à celui qui se récolte par les procédés ordinaires, voici pourquoi :

Chaque fleur a une odeur différente, et le nectar que les abeilles recueillent sur l'oranger, par exemple, ne ressemble nullement à celui qu'elles puisent dans les fleurs de la bruyère; non seulement l'arôme n'est pas le même, mais les qualités du miel sont absolument diverses.

Ceci posé, on comprend que chaque fleur paraissant à une époque donnée, si l'on récolte le miel provenant exclusivement de certaines fleurs, il en aura le parfum et il participera des qualités de la plante dont il aura été extrait.

Or, d'après les anciennes méthodes, non seulement on mélange ces divers miels, mais on est forcé de se contenter de celui qui résulte du mélange que les abeilles ont déjà fait en le transportant d'une partie de la ruche dans l'autre. J'ai pu m'assurer que c'est une de leurs occupations favorites.

La ruche supérieure, occupée en partie par le couvain, ne permet pas ce tripotage; les abeilles sont pour ainsi dire forcées de le laisser là où elles l'ont déposé, et cela, jusqu'après la grande ponte de la reine, car ce n'est que lorsque les cellules deviennent libres par la naissance des abeilles, ou plutôt leur sortie de l'alvéole, que les nourrices permettent aux pouvoyeuses de remplir la partie principalement consacrée à la ponte de la reine, avec le miel déposé dans le bas de la ruche ou dans le cylindre.

Or, comme l'époque de la grande ponte coïncide avec celle de l'abondance des fleurs, les pourvoyeuses sont forcées de déposer leur butin dans la partie inférieure.

Lors donc que la saison est favorable, je puis récolter deux ou trois fois tout ce que contient le cylindre, c'est-à-dire, deux ou trois kilogrammes de miel chaque fois. Il est bien entendu que les ruches bien peuplées peuvent seules donner de semblables récoltes, c'est pourquoi je préfère empêcher la sortie des essaims quand la population ne me paraît pas très forte.

En enlevant le miel contenu dans le cylindre, je préviens presque toujours la sortie du troisième et quelquefois du second essaim, les abeilles ne partant guère quand les provisions ne sont pas abondantes.

Il vaut mieux renouveler cette récolte que d'attendre que le cylindre soit entièrement plein ; d'abord on a du miel plus beau ; ensuite il est prouvé que les abeilles travaillent en proportion du vide qui leur reste à remplir, pourvu toutefois qu'il ne soit pas trop grand, car alors elles en paraissent découragées.

On voit que, par cette méthode, on peut se procurer ainsi du miel de certaines fleurs qui paraissent à une époque donnée ; par exemple, pendant la saison des tilleuls, on récolte un miel tout imprégné de l'odeur de cette fleur et participant des qualités qui la font rechercher. Celles de l'acacia communiquent au miel un parfum de fleurs d'oranger, etc., etc.

On peut ainsi récolter des miels de qualités exquises et du parfum le plus suave, tandis que, par l'ancienne coutume, les abeilles ont le temps de mélanger tous ces miels. C'est avec l'éducation des larves et l'emploi de la propolis, leur occupation de la nuit, car elles travaillent aussi bien la nuit que le jour.

Lorsque le cylindre est enlevé, on peut procéder à la séparation du miel et de la cire, à moins qu'on ne préfère le conserver en gâteau, ce qui est certainement plus avantageux si l'on a l'intention et l'occasion de le vendre. A Paris, le beau miel ainsi conservé se vend jusqu'à 2 ou 3 francs la livre; tandis que celui qui a été coulé ne monte pas à plus de 1 franc 25 cent., encore faut-il qu'il soit bien beau.

CHAPITRE VI.

Miel, cire et propolis.

Pour séparer le miel d'avec la cire, il faut, après avoir enlevé tout ce qui pourrait lui communiquer une apparence ou un goût désagréable, rompre les rayons sur un tamis ou dans un linge très blanc, et laisser couler tout ce qui voudra couler naturellement. C'est là le

miel de première qualité. Ensuite on le presse
pour en faire sortir ce qui reste. Cette opération
ne procure qu'un miel inférieur. Enfin on tâche
d'extraire tout ce qui peut encore se trouver de
miel. Ces deux dernières opérations donnent
un miel qui peut se mélanger avec celui qu'on
extrait des corps de ruches, lorsqu'on en fait le
dépouillement. Le premier est encore très man-
geable, le second sert pour la médecine et pour
les animaux. On peut le garder pour nourrir les
ruches faibles.

Lorsqu'on récolte le corps de ruches, on procède de même; seulement il est rare que l'on y
trouve du miel vierge.

On entend par miel vierge, celui qui a été
déposé par les abeilles dans des cellules qui
n'ont pas servi à l'éducation des larves; on les
reconnaît à leur entière blancheur.

Cette opération doit se faire dans un local
bien fermé, car si les abeilles, que l'odeur du
miel attire de fort loin, pouvaient y pénétrer,
on ne serait plus maître de les en chasser. Elles
le recherchent avec tant d'ardeur; elles en sont
si avides, qu'en outre de la perte du miel dont
elles se gorgeraient, elles s'y noyeraient, le
miel en deviendrait trouble et perdrait considérablement de sa valeur.

Pour extraire facilement la cire, je la mettais

dans un sac de toile forte, mais claire, ayant soin de fermer l'ouverture exactement; ensuite on plaçait le sac dans un grand chaudron assez rempli d'eau pour qu'il en fût recouvert entiè-rement.

Or, comme la cire est plus légère que l'eau, il faut assujettir le sac au moyen de deux bâtons en croix, de manière qu'il ne puisse surnager. Cela fait, on porte l'eau jusqu'à l'ébullition, la cire se fond et monte à la superficie, d'où on l'enlève avec une écumoire pour la jeter dans un grand vase plein d'eau chaude. Là elle achève de se dégager de toutes ses impuretés, et quand on enlève la masse entière lorsqu'elle est re-froidie, pour en former des pains de la grosseur nécessaire, on est tout surpris d'avoir obtenu du premier coup une cire aussi belle.

Les personnes qui la mettent fondre sans eau n'obtiennent pas d'aussi beaux résultats, à moins de n'employer que la chaleur solaire.

Voici un procédé indiqué par M. Guérin-Méneville :

« Par un beau soleil de juin ou juillet, on » place les gâteaux récoltés sur un canevas for-» tement tendu dans une boîte au fond de la-» quelle sont des bassines de zinc. Cette boîte, » dont les dimensions sont relatives aux récoltes » qu'on a à faire, doit être bien close par un

» châssis de verre et avoir une pente inclinée
» vers le soleil. Dans quelques heures tout le
» miel et toute la cire passent au travers du
» canevas, et le soir on passe ce miel sur un
» tamis de soie sur lequel reste la cire.

» Le lendemain on met dans un plat d'eau
» tous ces morceaux de cire ; on le place dans
» la boîte qu'on ferme soigneusement, et, le soir,
» on a un pain de cire très propre.

» On obtient ainsi, continue M. Guérin-Mé-
» neville, une seule espèce de miel parfaitement
» transparent, ne contenant aucun corps étran-
» ger, et conservant tout le parfum des fleurs
» sur lesquelles il a été récolté ; il ne fermente
» jamais et ne jette aucune écume à l'ébulli-
» tion. »

Il se trouve aussi dans les ruches une troisième
substance nommée *propolis.*

Cette substance, intimement liée à la cire, se
fond avec elle et ne peut en être séparée. C'est
elle qui lui communique cette ténacité, ce criant
qui font reconnaître la cire véritable de toutes
les autres substances extraites de divers corps
et qu'on vend dans le commerce sous le nom de
cire.

La propolis est très recherchée des abeilles ;
elle leur est indispensable pour donner de la
solidité à leurs ouvrages, pour calfeutrer les

moindres crevasses, et embaumer les insectes et les petits animaux morts dans la ruche et trop lourds pour qu'elles puissent les transporter hors de leur demeure. Aussi elle est très abondante dans les vieilles ruches, elle en tapisse tout l'intérieur.

Jusqu'à présent la propolis n'a point trouvé d'application dans les arts. Les pharmaciens commencent à l'employer, et j'ai reconnu que les vésicatoires de Milan étaient formés en grande partie de cette substance.

TROISIÈME PARTIE.

MALADIES DES ABEILLES.

Les abeilles sont sujettes à quelques maladies qu'elles doivent à l'imprévoyance de l'homme. La principale, et la seule qui attaque ces insectes d'une manière désastreuse, c'est la dyssenterie ; c'est aussi la seule dont je parlerai ici, car l'indigestion, le vertige, etc., etc. (1), qui sont classés par divers auteurs comme des maladies, ne sont en réalité que des accidents.

Cette maladie survient ordinairement à la fin de l'hiver et au printemps. Elle a pour cause le manque de pollen dont on les a imprudemment privées ; quelquefois aussi les pluies du printemps détrempent et altèrent le pollen sur les

---

(1) Ainsi, dans une récente publication sur l'apiculture, son auteur consacre dix pages à la description des diverses maladies qui attaquent les abeilles ; comme cette nomenclature pourrait effrayer bien des personnes et les dégoûter d'une industrie qui présente tant de difficultés, je crois devoir les rassurer à cet égard ; ces maladies ne se manifestent jamais lorsqu'on ne s'écarte pas des lois de la nature.

fleurs mêmes et le rendent très malsain pour les abeilles.

Quoi qu'il en soit, voici une recette fort bonne qui prévient les effets désastreux de la dyssenterie, elle est de M. Fremiet :

On met dans un vase un litre de bon vin vieux, un quart de kilogr. de sucre blanc, autant de miel de bonne qualité, et une trentaine de gouttes de bonne eau-de-vie. L'auteur ajoute une pomme de reinette et deux poires de Saint-Germain. Je pense qu'on peut supprimer ces derniers articles sans inconvénient pour les abeilles. On fait cuire le tout jusqu'à consistance de sirop pour le donner aux abeilles malades.

Lors donc que vous voyez vos abeilles languissantes, que leur corps présente un aspect noirâtre, que l'intérieur de la ruche, les extrémités des rayons, le support ou tablier est taché de plaques d'un brun noir, que la ruche exhale une odeur fétide, n'attendez pas plus longtemps à donner aux abeilles le sirop dont je viens de parler.

Je n'ai pas besoin d'ajouter qu'il serait imprudent d'attendre si longtemps, et qu'il faut au contraire s'empresser de leur porter secours au premier indice de cette redoutable maladie.

Si vous avez quelques portions de gâteau ou rayon vide à votre disposition, mettez-le sur une assiette et remplissez les alvéoles de ce sirop. Cette manière de leur donner à manger est préférable à celle indiquée dans plusieurs ouvrages, qui consiste à remplacer les rayons par de la paille ; les abeilles s'y engluent et un grand nombre se noient dans le sirop.

Au reste, il est toujours facile de se procurer un morceau de rayon ; on peut, en cas d'urgence, en détacher un de la ruche malade.

NOURRITURE DES RUCHES FAIBLES.

Il est très fâcheux d'être obligé de nourrir les abeilles, car c'est encore une dépense assez forte ; ensuite il est rare de pouvoir éviter une certaine agitation, suivie quelquefois du pillage de la ruche secourue par les abeilles du voisinage.

C'est pourquoi je recommanderai toujours de n'avoir que des ruches fortes et bien peuplées ; et il est impossible d'atteindre ce but si l'on permet aux abeilles de jeter plus d'un ou deux essaims.

Le troisième essaim peut cependant être utile dans ma pratique, en lui adjoignant les abeilles de la ruche-mère, ce qui forme alors une forte et bonne ruche.

Malgré tous les soins, il arrive cependant qu'on se voit obligé de nourrir certaines ruches faibles par suite d'une saison tout-à-fait contraire. Il vaut mieux leur donner un supplément de nourriture avant le froid, elles ont alors le temps de l'emmagasiner convenablement.

Lorsqu'on s'apercevra qu'elles manquent de provisions pour l'hiver, on y suppléera en leur donnant du miel en rayon et, à son défaut, de la composition ci-dessus mentionnée, seulement on pourra se dispenser d'y ajouter l'eau-de-vie.

J'engage donc les cultivateurs à conserver quelques gâteaux de miel bouché ainsi que ceux contenant du pollen. C'est la meilleure nourriture qu'on puisse leur offrir ; tous les sirops proposés ne valent pas le pollen et le miel en nature, et coûtent aussi cher.

LA RUCHE DES JARDINS.

J'ai déjà fait connaître mon opinion sur les ruches qui présentent le plus d'avantages aux apiculteurs, et tout en rendant pleine justice aux efforts de MM. Radouan, Frémiet, Debeauvoys, etc., je suis persuadé que la ruche en cloche, exploitée comme je l'ai indiqué, est de beaucoup préférable pour une culture un peu étendue. Quant à la forme, il est facile de se convaincre qu'avec de la prudence et des soins assidus il n'est pas de ruche qui ne puisse plaire aux abeilles, pourvu toutefois qu'on ne sorte pas des prescriptions indispensables au bien-être de ces insectes ; ainsi la ruche à l'air libre de M. Martin, celle de M. Nutt et d'autres encore, doivent être entièrement rejetées.

Pour exploiter les abeilles avec succès et profit, il est indispensable de leur procurer une demeure où elles puissent jouir d'une température toujours égale, où l'humidité ne pénètre pas et encore moins la pluie. Il faut autant que possible que la partie supérieure soit bombée ou

en forme de toit pour faciliter l'écoulement des
eaux et conserver plus facilement le degré de
chaleur nécessaire à la transformation du miel
en cire, à l'éclosion des œufs et à l'éducation
du couvain. Il faut enfin que cette demeure soit
abritée et garantie des rayons d'un soleil trop
ardent.

Ces conditions ne sont pas facilement remplies
en se servant indifféremment de toutes les ruches
en usage parmi les cultivateurs ; les amateurs
eux-mêmes ne surmontent une difficulté que
pour tomber dans une autre plus insurmontable
encore.

Aujourd'hui c'est la manie des châssis volants
qui domine. M. de Prokopovitsh, ancien officier
de l'armée russe, a le premier tenté d'introduire
cet usage dans sa patrie ; puis son compatriote,
M. de Sabloukoff, a voulu l'importer en France
en 1841. La Société polytechnique a fait des
efforts incroyables pour populariser cette ruche
et cette méthode ; quelques années après, M. Debeauvoys la reprenait sous un plus petit modèle.
Maintenant le système russe est en vogue, et
l'on place des cadres mobiles dans toutes les
ruches, jusque dans la ruche villageoise : c'est
à n'en plus finir.

Il en a été de même de la ruche écossaise. On
l'a tellement améliorée ou plutôt altérée, que

6

l'on en compte plus de dix sortes qui varient par la grandeur, la position et la forme, sans cesser d'être des ruches à hausses.

En lui donnant le nom de ruche française, M. Varembey a voulu populariser la ruche écossaise ; mais n'ayant pas su remédier aux graves inconvénients des dessus plats et de l'isolement forcé des abeilles, séparées par une planche en autant de groupes qu'il y a de hausses, je préfère encore la ruche villageoise perfectionnée par M. Radouan, qui remplit les mêmes conditions sans présenter les obstacles insurmontables de la ruche française.

M'est-il permis, après tant d'essais plus ou moins infructueux, de parler en faveur de la ruche des jardins dont je suis bien le premier et seul inventeur ? En vérité, si elle n'était d'une simplicité extrême et d'une facilité d'exploitation qui laisse peu à désirer, je n'aurais pas voulu en parler, me bornant à la description de la meilleure méthode à suivre pour employer la ruche de prédilection des habitants de la campagne, la rustique et vieille ruche en cloche.

J'engagerai cependant les amateurs à faire l'essai de la ruche des jardins, ils ne tarderont pas à reconnaître sa supériorité sur la plupart de celles en usage aujourd'hui.

Maintenant je vais extraire de mon *Traité de*

l'éducation des abeilles la description de la *ruche des jardins.*

« Il est facile de se convaincre, en examinant
» la figure ci-jointe, combien il est aisé de visiter
» l'intérieur de cette ruche, puisqu'il n'y a qu'à
» enlever un des volets qui closent le devant et le
» derrière pour juger de l'état des abeilles. Cha-
» cun de ces volets ferme une case, et intérieu-
» rement ces cases ne sont séparées que par un
» léger grillage. Il n'est pas nécessaire qu'il y ait
» autant de volets que de cases. Pour une cul-
» ture un peu étendue, on peut se borner à une
» seule planche s'ouvrant sur toute la hauteur
» de la ruche, et placée, pour plus de commo-
» dité, sur la face opposée à l'ouverture qui sert
» d'entrée aux abeilles. Cette disposition est
» moins dispendieuse que l'autre et donne au-
» tant de facilité pour la récolte.

» Enfin cette ruche est surmontée par un cha-
» piteau formé de deux planches placées en toit
» et de deux autres formant les côtés.

» L'ouverture qui sert d'entrée aux abeilles se
» trouve au bas de la ruche ; sa largeur sera de
» $0^m,10$ et sa hauteur de $0^m,1$; elle sera dé-
» fendue par quelques clous d'épingle assez rap-
» prochés pour en interdire l'entrée aux souris,
» mulots, etc., et aux sphinx atropos, mais qui
» laisseront un espace suffisant pour la libre cir-

» culation des abeilles et des faux-bourdons.
» Cette ruche sera placée sur un tablier ou sup-
» port élevé de 16 à 18 centimètres au-dessus
» du sol ; on aura aussi l'attention de la fixer de
» manière que les vents ne puissent la renverser.
» Comme elle n'a pas besoin de surtout, et
» qu'elle sera exposée à la pluie , elle doit être
» recouverte de deux ou trois couches de pein-
» ture à l'huile. La couleur verte doit avoir la
» préférence, parce qu'elle est moins sujette à
» être attaquée par les insectes.

» La ruche des jardins ne peut certainement
» pas être comparée à celle de M. Hubert pour
» les observations, et encore moins à celle dont
» j'ai donné la description dans mon traité déjà
» cité, mais, mise en parallèle avec les autres,
» on se convaincra qu'il est bien plus aisé d'en
» faire la dépouille, puisqu'il n'y a qu'à enlever
» les volets pour choisir, parmi les rayons, ce
» que l'on jugera convenable de prendre. Pour
» y procéder sans aucun danger d'être piqué, il
» suffit de diriger un peu de fumée sur les
» abeilles au moment où la planche qu'on en-
» lève est assez entr'ouverte pour donner pas-
» sage à la fumée et non encore aux abeilles.
» Elles se retirent promptement, et une seconde
» bouffée suffit ordinairement pour les mettre
» en état de bruissement. Alors on peut visiter

» les gâteaux, en retrancher telle partie qu'on
» juge nécessaire, et cela sans aucune opposi-
» tion de la part des abeilles, et sans aucune
» crainte d'ébranler les rayons supérieurs ou
» inférieurs. »

J'ai dit plus haut que la ruche Huber était
bien supérieure à la mienne sous le rapport
de l'observation et même pour la dépouille;
et en effet il suffit d'écarter les châssis pour
voir la surface entière des rayons. En y pro-
cédant avec douceur, les abeilles continuent
même leurs travaux sous les yeux de l'observateur. Mais en est-il de même de la ruche à cadres
mobiles, tant vantée par ses partisans? Non
certes, car il faut enlever ces cadres, ce qui ne
peut se faire sans froisser les abeilles et les irriter extrêmement. Cette opération est même
très dangereuse pour la reine, qui peut être
blessée grièvement entre les gâteaux dont la
surface n'est pas toujours d'une égalité parfaite.

EMPLACEMENT DE LA RUCHE DES JARDINS.

Elle ne demande point de rucher couvert,
comme celle de MM. Huber, Canuel, Martin, etc., elle n'exige pas de couverture en bois
ou en paille, réceptacle ordinaire des fausses
teignes et autres insectes. Par sa forme élégante,

elle peut servir d'ornement à un jardin, et rien n'est plus gracieux qu'un certain nombre de ces ruches disséminées dans un bosquet d'arbres à fleurs odorantes, tels que le syringa, l'acacia rose et blanc, le lilas, le chèvrefeuille, le rosier, etc. ; l'odeur de ces fleurs, le bourdonnement des abeilles invitent à se reposer dans cet endroit délicieux, et on peut s'y arrêter sans crainte, si l'on a eu soin de placer l'entrée de la ruche du côté opposé au sentier qu'on a ménagé pour visiter les abeilles.

Dans la plupart des jardins anglais, et même partout où cela est possible, on aime avoir aujourd'hui une prairie en miniature, une pièce de gazon dont la fraîche verdure vienne reposer les yeux. C'est là l'endroit le plus favorable à l'établissement de la ruche des jardins.

Placées de distance en distance, à l'ombre de quelques arbustes qui les préservent des rayons trop ardents du soleil, ces ruches, qu'on aura eu soin de peindre en vert, produiront l'effet le plus charmant. Si l'on a eu soin de disposer l'entrée du côté de la pièce de gazon, on pourra circuler derrière très librement et sans aucun danger d'irriter les abeilles, qui ne se fâchent que lorsqu'on passe devant leur demeure.

Ordinairement on relègue les ruches dans un des coins le plus éloignés du jardin ; on craint

d'en approcher, et on a raison, car les abeilles
ainsi traitées deviennent farouches et se jettent
sur tous ceux qui sont assez imprudents pour
les visiter.

Je me souviens d'en avoir placé entre deux
portes qui conduisaient, l'une au jardin, l'autre
à la cuisine ; j'en avais aussi quelques unes au
fond du jardin. Eh bien, celles qu'on avait éloi-
gnées de l'habitation étaient devenues tellement
sauvages que, aussitôt qu'elles apercevaient
quelqu'un, même à plus de vingt pas de leur demeure, elles se jetaient sur lui avec fureur ;
tandis que les abeilles des autres ruches s'é-
taient, pour ainsi dire, accoutumées à la vue
des personnes de la maison qui passaient et re-
passaient sans crainte tout auprès des ruches.
Je puis affirmer qu'aucune d'elles n'a été piquée ;
bien plus, une vingtaine de poulets et quelques
poules allaient s'ébattre jusqu'auprès des ruches
sans qu'il en résultât aucun accident.

Une fois pourtant, quelques poulets imprudents s'étant avisés de se battre à l'entrée d'une
des ruches, et ayant probablement frappé de
leurs ailes et de leurs pieds quelques abeilles,
furent promptement punis. Celles-ci, irritées de
cette provocation, se jetèrent sur toute la famille
emplumée, il y eut des blessés et des morts.

DESCRIPTION DE LA RUCHE DES JARDINS (1).

La figure 3 représente la ruche des jardins vue à peu près de face. Elle repose sur une

Fig. 3.

planche ou tablier qui la dépasse de 8 à 10 cen-

---

(1) La Ruche des jardins a été honorée d'une médaille de bronze au *Concours général* qui a eu lieu à Paris en 1854.

(Note de l'éditeur.)

timètres, afin d'offrir une espèce de reposoir aux abeilles qui arrivent des champs. C'est une précaution qu'il est très utile de prendre, car lorsqu'elles reviennent chargées après une longue course, si elles sont rejetées par le vent et que la pluie ou la nuit les surprenne hors de la ruche, elles périssent presque immanquablement ne pouvant résister à une température de 10 degrés Réaumur, ce qui pourra paraître incroyable, puisqu'on sait qu'elles bravent les plus grands froids lorsqu'elles sont réunies en grand nombre.

Il faut avoir soin de fixer la ruche sur le tablier assez solidement pour que le vent ne puisse la renverser, mais cependant de manière à pouvoir au besoin l'enlever promptement et sans secousses. Chacun pourra imaginer un moyen de remplir ce but. J'employais simplement des pointes vissées formant anneau qu'on fixait aux quatre angles de la ruche ; on les attachait avec un fil de fer ou une ficelle à d'autres anneaux plantés sur les côtés du tablier. Celui-ci doit être fortement cloué au support qui sera aussi enfoncé dans le sol de manière à offrir toute garantie de solidité. La ruche des jardins doit être faite avec de fortes planches d'au moins 3 centimètres d'épaisseur. Le sapin doit être préféré, et à son défaut le bois blanc, parce qu'il est plus chaud et meilleur marché que le chêne.

Les deux planches formant les côtés auront
55 centimètres de hauteur sur 20 de largeur;
elles seront surmontées par le toit ou chapiteau

Fig. 4.

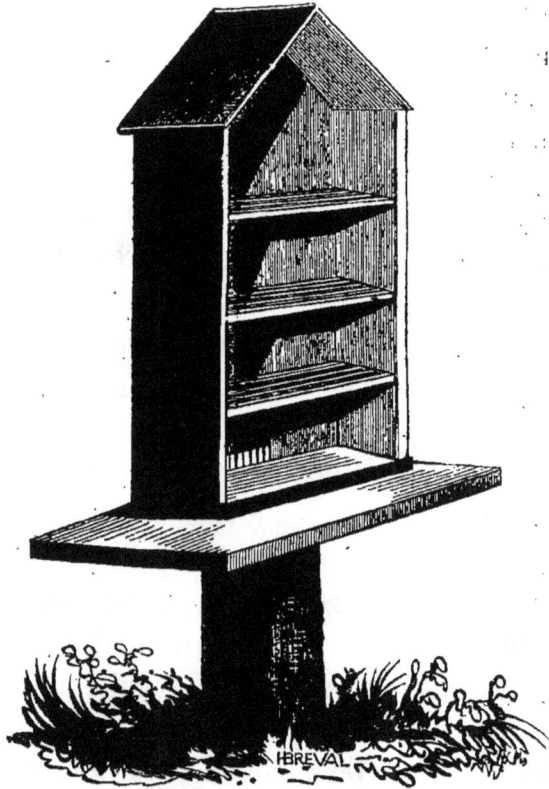

formé de deux planches ayant 28 centimètres
de longueur sur une largeur de 25 centimètres,
le tout, ainsi que la planche du fond, cloué solidement. La hauteur totale de la ruche sera donc

de 75 centimètres, sa profondeur de 20, et sa largeur de 30; le tout hors d'œuvre. Le chapiteau est séparé intérieurement du corps de ruche par un léger grillage composé de sept ou huit baguettes triangulaires fixées solidement dans le sens de la largeur de la ruche. Un des angles étant dirigé vers le fond, la partie supérieure du grillage formera un dessus plat, laissant entre chaque barreau un large espace pour la circulation des abeilles.

15 centimètres plus bas se trouve un autre grillage, et le troisième placé à cette même distance du second.

La figure 4 représente la ruche ouverte. Elle simule assez bien une maison en construction dont les divisions par étages n'ont pas encore reçu de plancher.

J'ai dit qu'en faisant la récolte, il fallait respecter les provisions contenues dans le chapiteau; on sera assuré, de cette manière, que les abeilles ne manqueront de rien pendant la mauvaise saison, quelque forte que soit la population de la ruche.

Cependant si au printemps on jugeait convenable de récolter ce qu'il contient, on pourrait le faire sans inconvénient, pourvu que la saison fût favorable et abondante en fleurs. Si l'on voulait prévenir la sortie des essaims afin de fortifier la population, ce serait un moyen certain, surtout si l'on avait assez d'habileté pour enlever en même temps toutes les constructions à grands alvéoles destinées à l'élève des mâles. Cette opération doit être pratiquée dans la première quinzaine de mai, ou mieux encore dès qu'on s'aperçoit des projets d'émigration des abeilles. On arrête par là l'essaimage, on favorise le travail des abeilles qui n'ont plus à s'occuper de l'éducation d'un millier d'êtres inutiles, et la population devenue très nombreuse donne d'abondantes récoltes.

Les gâteaux à grandes cellules occupent ordinairement la partie inférieure de la ruche; ils sont très reconnaissables. Il est nécessaire de tout enlever, œufs, larves et nymphes.

Quant à la manière de fermer le grand volet qui se trouve du côté opposé à l'entrée des abeilles, il est plus commode de le faire au moyen de deux traverses de bois retenues sur les côtés par des crochets à vis, ce qui donne toute facilité pour serrer ou relâcher les traverses.

Je terminerai cet ouvrage par le récit d'une histoire très véridique qui prouvera qu'avec de faibles moyens, on peut produire de grands effets, qu'avéc un peu de persévérance, un homme peut changer l'aspect de la contrée qu'il habite, et d'une espèce de désert en faire un séjour aussi agréable qu'utile.

M. N... ayant perdu, dans une spéculation hasardée, la plus grande partie de sa fortune, renonça, pour ainsi dire, au monde, et se retira dans un village, où il possédait encore une modeste demeure et quelques hectares de terre.

Deux ou trois ruches, reléguées dans un coin du jardin, lui inspirèrent le désir de s'occuper d'apiculture, mais le pays était pauvre en fleurs, ainsi que l'attestaient le misérable état des abeilles et le produit à peu près nul du petit nombre de ruches que possédaient les habitants du village.

M. N... comprit que, pour réussir, il fallait user d'industrie; ne pouvant consacrer aux abeilles le peu de terre qu'il possédait, et dont le produit lui rapportait à peine de quoi subsister, il imagina un procédé qui lui réussit complétement.

Il se procura des graines de diverses sortes de plantes rustiques mais propres à offrir aux abeilles une nourriture abondante et parfumée. Dans les temps pluvieux, il se promenait dans les environs du village, parcourant les sentiers,

7

les lieux arides, et partout où se trouvaient quelques parcelles de terre inculte, il répandait les semences dont il était toujours muni dans ce but.

Il est impossible de se faire une idée du changement qui s'opéra dans un rayon de quelques kilomètres autour de sa demeure.

Tout prit un aspect nouveau et animé ; la nature parut se réveiller, mais personne ne pouvait concevoir d'où provenait une telle métamorphose, car M. N... avait cru devoir taire le sujet de ses courses vagabondes.

Les gens du village l'avaient pris pour un homme dont les affaires malheureuses avaient dérangé l'esprit, et lorsqu'il était parfois surpris dans ses fonctions de semeur, ils s'imaginaient qu'il gesticulait ou jetait du grain aux oiseaux des champs.

Mais ce qui arriva de plus heureux fut le changement prodigieux qui survint dans son rucher.

L'abondance s'y faisant sentir, les abeilles qui languissaient naguère y devinrent extrêmement prospères.

J'ai su depuis lors que les villageois avaient imité l'industrie de M. N..... Partout ils ont planté des arbres fruitiers, et les clôtures, jadis stériles et mal entretenues, ont pris un aspect verdoyant; au lieu d'être composées d'arbres inutiles, on y a introduit les espèces qui fleurissent le plus longtemps au profit des abeilles, et à côté de l'églantier robuste, on voit le chèvrefeuille à grande fleur. Les prairies artificielles ont été multipliées, et le sainfoin, la luzerne, offrent une pâture abondante aux abeilles.

Enfin M. N... ayant dit que le blé noir était pour elles une ressource précieuse dans l'arrière-saison, les villageois en ont introduit la culture, et comme ils ne sont pas encore accoutumés à son usage, ainsi que cela a lieu dans certaines parties de la France, ils s'en servent à élever une quantité prodigieuse de volaille, et la fane sert à la nourriture des troupeaux.

Ce village a, dit-on, changé d'aspect depuis dix ans au point de n'être plus reconnaissable; l'aisance a remplacé la misère, l'industrie s'est développée, et le pays tout entier, à plusieurs lieues à la ronde, offre un contraste frappant avec l'air d'abandon qui attristait naguère le voyageur.

On voit par cette petite histoire, dont le fond est, comme je l'ai dit, très véridique, qu'il n'est nullement besoin d'être riche pour réaliser les plus heureuses conceptions. Il suffit d'une vo-

lonté persévérante pour venir à bout des plus
grandes difficultés ; mais il faut, avant tout,
prêcher d'exemple.

J'ai appris avec une véritable satisfaction que
dans plusieurs villages, non seulement en France,
mais aussi en Algérie, cette industrie avait
changé la face de certains lieux jadis abandonnés
et stériles.

On a établi des haies d'arbustes utiles aux
abeilles en même temps qu'elles servent à clore
les héritages ; de tristes champs qui ne produi-
saient que fort peu de seigle et beaucoup de
chardons, se sont transformés en prairies
émaillées de fleurs, où les abeilles trouvent
des trésors dont les hommes profitent.

Ces villages prospèrent, et leurs habitants,
jadis à demi-nus, peuvent, au moyen de la
vente de la cire et du miel, se vêtir et se
nourrir convenablement.

Voilà le véritable progrès.

**Liste de quelques unes des fleurs employées par
M. N... pour son exploitation des abeilles.**

Les fleurs des arbres fruitiers sont toutes très
utiles aux abeilles, ainsi que celles de la plupart
des arbustes qui servent de clôture.

Les graines qu'il répandait çà et là dans les
terrains vagues, au pied de certains arbres, et

sous les buissons aux bords des routes et sur la pente des ravins, étaient, comme on peut se l'imaginer, des espèces les plus rustiques : ·

Les violettes en abondance et le réséda à profusion,

Le trèfle,	La sariette,
La luzerne,	La bourrache,
Le sainfoin,	La gaude,
Le bouillon blanc,	La mauve,
La rose trémière,	Le mélilot.

Toutes les plantes aromatiques, telles que :

Le baume,	La mélisse,
Le thym,	Le serpolet,
La sauge,	L'aurone,
La marjolaine,	L'hysope.
Le basilic,	

A cette liste déjà longue, on pourrait ajouter les espèces qui croissent naturellement dans la contrée, et créer ainsi à peu de frais un jardin aussi agréable aux yeux que précieux pour les abeilles.

NOTICE

SUR L'EMPLOI DES SUBSTANCES ASPHYXIANTES.

On a proposé bien des moyens pour engourdir momentanément les abeilles, mais la plupart de ces procédés, tant vantés, ont été abandonnés dès qu'on a voulu les appliquer sérieusement à leur exploitation, les résultats n'ayant jamais répondu aux brillantes théories de leurs auteurs.

Si l'asphyxie par la simple privation de l'air était possible dans les ruches de construction ordinaire, ce serait l'opération la moins dangereuse et cependant la plus sûre.

L'extrême désir de faire des essaims artificiels ou forcés a fait rechercher toutes les substances propres à obtenir cet état de mort apparente. La fumée du tabac, celle d'un certain champignon nommé *Fungus pulverulentus*, le *Bovista gigantea*, le chiffon trempé dans une solution de sel de nitre, etc., ont été tour à tour indiqués comme produisant l'asphyxie sans danger, puis rejetés à cause des graves inconvénients résultant de leur emploi.

M. Nutt avait remis en usage le *Fungus*, dont les Anglais se servent encore aujourd'hui, mais ses effets ont été si désastreux, qu'on y a renoncé. Cependant il paraît reprendre faveur, et les journaux parlent de nouvelles tentatives d'un apiculteur français.

S'il fallait choisir entre ces divers moyens d'asphyxie, je préférerais le chloroforme, qui, bien administré, est bien moins dangereux que le champignon.

Comme c'est particulièrement dans le but de faire des essaims artificiels qu'on asphyxie les abeilles, et qu'il est prouvé que ce moyen de propagation est contraire à leur prospérité, je crois qu'à moins de circonstances particulières, il faut s'en tenir aux essaims naturels, les seuls qui, par leur activité, peuvent donner un profit réel à l'apiculteur, car, ainsi que l'a fort bien observé M. Frémiet, dont personne ne saurait contester l'habileté pratique, la séparation forcée des abeilles entraîne souvent la perte de l'essaim et celle de la mère-ruche, quel que soit le moyen que l'on emploie.

FIN.

TABLE DES MATIÈRES.

www.ingramcontent.com/pod-product-compliance
Lightning Source LLC
Chambersburg PA
CBHW071201200326
41519CB00018B/5315